Matthias König

RC-Cars mit Verbrennerantrieb

fahren · bauen · tunen · warten

RC-Cars mit Verbrennerantrieb

fahren, bauen, tunen, warten

Matthias König

Verlag für Technik und Handwerk
Baden-Baden

Fachbuch

Best.-Nr.: 310 2125

Redaktion: Mario Bicher
Lektorat: Claus Keller

Bibliografische Information Der Deutschen Bibliothek
Die Deutsche Bibliothek verzeichnet diese Publikation
in der Deutschen Nationalbibliografie; detaillierte bibliografische Daten
sind im Internet über http://dnb.ddb.de abrufbar.

ISBN 978-3-88180-725-8

Printed in Germany
Druck: WAZ-Druck, Duisburg

Inhaltsverzeichnis

Über den Autor

Mit elf Jahren hat das Quengeln zum Erfolg geführt und Matthias König hat sein erstes RC-Car zu Weihnachten geschenkt bekommen. Wegen der Erkenntnis, dass Modellflugzeuge die Eigenart haben, entweder vollständig in Ordnung oder vollständig zerstört zu Boden zu kommen, ist das Interesse an RC-Cars über die Jahre stets erhalten geblieben.

In der Baden-Metropole westlich von Stuttgart zu akademischen Weihen gekommen, lebt das Nordlicht König im badisch-schwäbischen Grenzgebiet und beschäftigt sich dort mit der Entwicklung von Zulieferteilen für die Automobilindustrie.

Vorwort

Im Bereich der von Verbrennungsmotoren betriebenen RC-Cars hat sich in den vergangenen Jahren viel getan. Der Run auf die Großmodelle im Maßstab 1:5 oder 1:6 hat nachgelassen, bei den Modellen im Maßstab 1:8 findet man immer mehr detailgetreue und Hobbymodelle und eine neue Klasse wurde aus der Taufe gehoben: VG 1:10 Scale.

Modelle für diese Klasse gab es bereits in den Jahren zuvor immer mehr: Die Modelle waren recht schön detailliert, handlich in ihrer Größe und alles andere als langsam. Dabei war es insbesondere der vergleichsweise kostengünstige Einstieg in diese Klasse, der ihr zu der großen Beliebtheit verholfen hat.

In meinem 1998 erschienenen Buch „Verbrenner-RC-Cars“ ging ich auf diesen Trend ein, indem dem Interessierten ein Leitfaden an die Hand gegeben wurde, mit dem er ein Modell auswählen und betreiben konnte, zumal es kaum Rennveranstaltungen und kein Reglement gab.

Heute hat sich dieser Trend zum 1:10er-Verbrenner fortgesetzt. Es gibt eine Vielzahl von Modellen im Maßstab 1:10, die mit einem Verbrennungsmotor mit etwa 2,1 cm^3 angetrieben werden. Nahezu alle namhaften Hersteller haben solche Modelle in den unterschiedlichsten Preislagen im Angebot. Und wenn man sich die Rennveranstaltungen mit den kleinen Verbrennern einmal ansieht, ist man erstaunt über die enorme Leistungsfähigkeit dieser Modelle. Das vorliegende Buch setzt hier an: Im Aufbau an „Verbrenner-RC-Cars“ angelehnt, werden viele grundsätzliche Bereiche und Zusammenhänge ausführlicher beschrieben. Angefangen bei der Funktionsweise von Modellmotoren über deren Einstellung bis hin zu Wartung und Service. Die Zahl und der Umfang der Tabellen hat zugenommen, und selbstverständlich wurden aktuelle Modelle im Testteil einer gründlichen Untersuchung auf ihre Fähigkeiten unterzogen. Der steigenden Anzahl von Rennveranstaltungen, egal ob Meisterschaft oder Freundschaftsrennen, trägt das letzte Kapitel Rechnung: Hier werden dem Renninteressierten viele nützliche Tipps gegeben, wie er sein Modell auf den Renneinsatz vorbereiten sollte und worauf am Renntag zu achten ist. Und falls etwas kaputt geht, finden sich einige Hinweise, wie Wartung und Reparatur fachmännisch durchgeführt werden können.

Dabei habe ich mich wieder bemüht, nicht allzu technisch zu werden, um Ihnen den Spaß am Lesen und an Ihrem RC-Car nicht durch unverständliche Texte zu nehmen.

Ich wünsche Ihnen viel Spaß bei der Lektüre des Buches und beim Bauen und Betreiben Ihres RC-Cars. Über Anregungen und Kritik freue ich mich, um eine Nachauflage oder ein neues Buch noch attraktiver gestalten zu können.

Wissenswertes zu Motoren und Modellen

Rund um den Motor

Die Glühkerze

Vor dem Starten des Motors wird die Glühkerze im Zylinderkopf elektrisch geheizt. Die Aufgabe der Glühkerze ist es, das explosive Gas zu zünden, das im Vergaser aus Kraftstoff und Luft gebildet wird.

Durch schnelles Drehen der Kurbelwelle wird der Motor gestartet, die Glühkerze wird von der Spannungsversorgung getrennt. Ab sofort glüht die Glühwendel bis zum Stillstand des Motors ununterbrochen. Ursache dafür sind die so genannten Katalysatoren, meist ist es das Edelmetall Platin, die auf den Glühdraht aufgedampft sind und durch das Kraftstoff-Luft-Gemisch zu glühen beginnen.

Jede Glühkerze hat einen spezifischen Wärmewert. Dieser Wert wird nicht in Zahlen, sondern mit Begriffen von „kalt" über „mittelheiß" bis „heiß" angegeben. Dabei gilt: Je niedriger der Wärmewert der Glühkerze ist, desto höher können Außentemperatur und Nitromethananteil im Kraftstoff sein. Demnach ist eine mittelheiße Kerze für unsere Breitengrade in Verbindung mit 16%igem Kraftstoff meist eine gute Ausgangsbasis.

Glühkerzen

Wärmewert	Anwendungsgebiet
sehr heiß	kalte Außentemperaturen, 0–10% Nitro
heiß	niedrige Außentemperaturen, 10–25% Nitro
kalt	hohe Außentemperaturen, 0–10% Nitro
sehr kalt	sehr hohe Außentemperaturen, 10–25% Nitro

Einzelteile eines OS-Motors:
1 = Motorgehäuse;
2 = Kolben;
3 = Pleuel;
4 = Zylinderkopf/ Kühlkopf;
5 = Vergaser;
6 = Glühkerze;
7 = Laufbuchse;
8 = Kurbelwelle;
9 = Gehäusedeckel

Beim Blick durch den geöffneten Gehäusedeckel sehen wir das Kugellager, die Kurbelwelle mit Ausgleichsgewicht und das Pleuel.

Links eine RC-Car-Glühkerze, rechts eine Glühkerze aus dem Modellflug: Durch das längere Gewinde ist sie nicht für alle Modellmotoren geeignet!

Für die Zündung zuständig: die Glühkerze.

Neben dem Wärmewert ist auch die Länge des Gewindes von Bedeutung. Die meisten Glühkerzen, die für den Einsatz im Modellautomotor konzipiert sind, haben eine Gewindelänge von etwa 4,5 mm. Daneben gibt es Glühkerzen mit einem längeren Gewinde, die mitunter für den Einbau in bestimmte Motoren nicht geeignet sind.

Aufgrund des längeren Gewindes kann es zu einer Berührung der Glühkerze mit dem Kolben kommen, was meist mit Beschädigungen verbunden ist. Es ist demnach empfehlenswert, beim Kauf von Glühkerzen anzugeben, für welchen Motor man die Kerze verwenden möchte, und gegebenenfalls in der Betriebsanleitung des Motors oder im Katalog nachzulesen, welche Glühkerzen empfohlen werden.

Ein kleiner Tipp: Wenn Sie herausfinden möchten, welcher Glühkerzentyp bei Ihrem Bausatz beiliegt, schauen Sie in den Serviceteil der Bauanleitung und finden Sie heraus, welche Kraftstoffmischung der Hersteller empfiehlt!

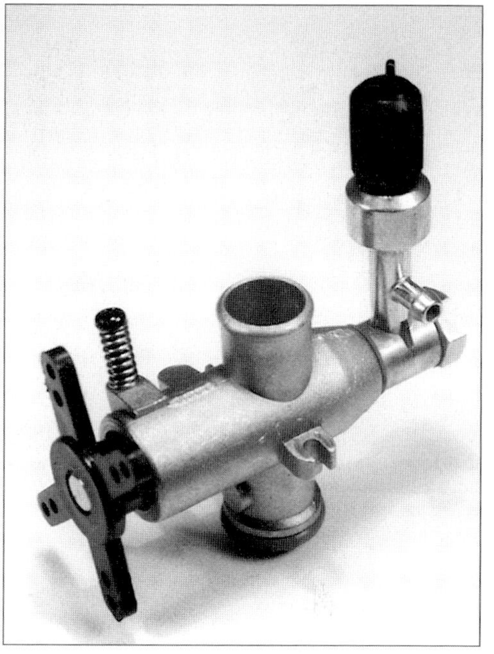

Ein Drehvergaser aus dem Hause Kyosho. Gut erkennbar sind die Düsennadel, die Leerlaufschraube und der Anlenkhebel.

Der Vergaser

Die Drehzahlregulierung des Motors erfolgt durch den Vergaser. Man unterscheidet drei Bauarten von Vergasern: den Schiebevergaser, den Drehvergaser und den Drehschiebevergaser, eine Kombination aus den beiden erstgenannten. Das Funktionsprinzip ist bei allen drei Typen gleich, der Unterschied liegt in der Anlenkung des Vergaserkükens. Beim Schiebevergaser wird das Vergaserküken vom Gasservo im Drosselgehäuse hin- und hergeschoben, beim Drehvergaser dreht das Servo das walzenförmige Küken, der Drehschiebevergaser kombiniert die Drehbewegung mit einer Schubbewegung. Der Vergaser regelt, angesteuert vom Gasservo, die Menge des Kraftstoff-Luft-Gemisches, das in den Brennraum gelangt. Das Gasservo steuert dabei über das Vergaserküken die Menge der Luft, die zur Gemischaufbereitung zur Verfü-

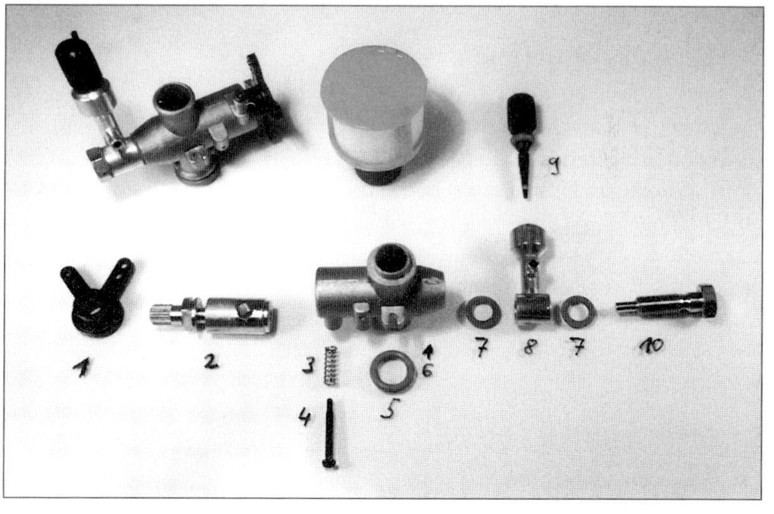

Der gleiche Vergaser einmal in Einzelteilen, einmal montiert:
1 = Anlenkhebel; 2 = Vergaserküken; 3 = Feder der Leerlaufschraube; 4 = Leerlaufschraube; 5 = Dichtung (zwischen Motorgehäuse und Vergaser); 6 = Vergasergehäuse; 7 = Dichtung (zwischen Düsenstock und Befestigungsmutter/Vergasergehäuse); 8 = Düsenstock; 9 = Düsennadel mit Dichtung; 10 = Befestigungsmutter.
Ohne Nummerierung sind der Luftfilter und der fertig montierte Vergaser.

Ein OS-Schiebevergaser mit Übergangsschraube (rechts). Die Düsennadel (oben) ist hier nur mit einem Schlitzschraubendreher verstellbar.

gung steht: Je größer die Einlassöffnung für die Luft, desto mehr Luft wird angesaugt, strömt an der Düse vorbei und vermischt sich dabei mit dem Kraftstoff. Wenn dem Motor mehr Gemisch zur Verfügung steht, kann der Brennraum öfter gefüllt werden, die Drehzahl erhöht sich.

Die beschriebene Düse besteht aus dem Düsenstock und der Düsennadel. Ähnlich wie bei einem Wasserhahn verändert man durch Drehen der Düsennadel die Menge des Kraftstoffs, der aus der Düse entweichen kann: Hineinschrauben der Düsennadel verringert den Kraftstoffdurchfluss und damit seinen Anteil am Gemisch (mageres Gemisch), Herausdrehen der Düsennadel erhöht den Kraftstoffanteil im Kraftstoff-Luft-Gemisch, das Gemisch wird fetter.

Zusätzlich zur Düsennadel findet man bei einigen Vergasern auch eine Einstellschraube für die Gemischzusammensetzung im Leerlauf- und Übergangsbereich. Diese so genannte Übergangsschraube ist eine Ergänzung zur Düsennadel, die ja die Zusammensetzung des Gemisches für alle Bereiche gleichermaßen reguliert. Diese zusätzliche Einstellschraube findet sich in der Regel nur bei Motoren mit höherer Leistung, bei Motoren in Einsteiger- und Hobbymodellen ist sie nicht immer vorhanden. Im Kapitel „Start your engines ..." wird auch die Einstellung dieser etwas komplizierteren Vergaser beschrieben.

Der Luftfilter

Sehr wichtig ist der Luftfilter, der auf dem Vergaser befestigt wird. Selbst beim Fahren auf der Straße werden Staub und feiner Sand aufgewirbelt, der keinesfalls in das Innere des Motors gelangen darf, da er dort schwere Schäden anrichten kann. Gerade Sand ruft einen fatalen Kolbenfresser hervor, wenn sich zwischen Kolben und Laufbuchse ein Körnchen schiebt. Je nach Größe der Fremdkörper reicht das Schadensbild von leichten Riefen auf Lauf-

Verschiedene Luftfilter.

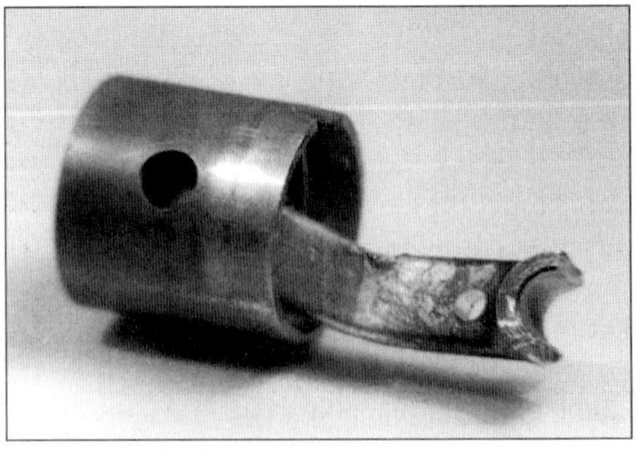

Ein gerissenes Pleuel: Mit einem kleinen Klick verabschiedete es sich, der Schaden betrug etwa 40 Euro.

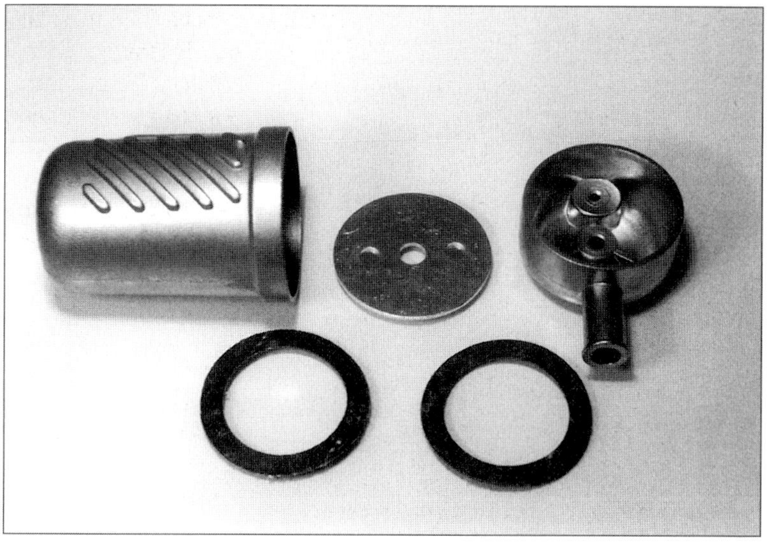

Ein HPI-Expansionsschalldämpfer mit zwei Kammern, die durch die Prallplatte in der Mitte gebildet werden.

buchse und Kolben, die zum Verlust der Kompression führen, bis hin zur völligen Zerstörung des Motors, wenn ein Steinchen den Kolben in der Laufbuchse festklemmt und das Pleuel reißt. Aufgrund der hohen Kräfte im Motor kann ein reißendes Pleuel das komplette Innenleben der Maschine verwüsten und ihren Wert auf Schrottniveau reduzieren.

Der Schalldämpfer

Eine besondere Aufgabe kommt beim Zweitaktmotor dem Schalldämpfer zu. Neben der Verringerung der Schallemission verhindert er nämlich, dass frisches Gasgemisch durch den Abgaskanal entweicht, während das verbrannte Gas ausgestoßen wird. Auch hier spielt Druck eine wichtige Rolle. Wer sich einen Expansionsschalldämpfer aufmerksam ansieht, wird feststellen, dass die motorseitige Öffnung einen größeren Querschnitt hat als die Austrittsöffnung. Daher baut sich im Inneren des Expansionsschalldämpfers ein Druck auf, der verhindert, dass das Abgas zu schnell aus dem Brennraum austreten kann und somit auch das Ausströmen des frischen Gemisches behindert. Schließlich befinden sich Einlass- und Auslassöffnung meist direkt gegenüber und sind beide gleichzeitig geöffnet. Würde das frische Gemisch komplett durch die gegenüber liegende Auslassöffnung sofort wieder entweichen, könnte der Motor nicht funktionieren.

Praxistests im Rahmen der Entstehung dieses Buches haben gezeigt, dass der Motor in der Regel gar nicht anspringt, wenn man keinen Schalldämpfer montiert. Demontiert man den Schalldämpfer bei laufendem Motor (oder löst sich die Verschraubung während der Fahrt), geht der Motor ebenfalls aus.

Komplizierter in der Funktion und besser in der Wirkung sind die Resonanzrohre. Auch sie dämpfen den Geräuschpegel recht gut, können jedoch zusätzlich die Leistung des Motors merklich steigern. Der Unterschied zum Expansionsschalldämpfer besteht darin, dass beim Resonanzrohr nicht nur der Druck innerhalb des Rohres entscheidend ist, sondern auch die Impulse, in denen das Abgas ausströmt: Eine „Portion" Abgas entweicht in einer Druckwelle aus dem Brennraum in das Resonanzrohr. Am Ende des Rohrs wird der Druck von einer Wand reflektiert und so das Abgas zurück in Richtung Brennraum gedrückt. In diesem Moment wird das Frischgas, das durch den Abgaskanal aus dem Brennraum entwichen ist,

Resonanzrohr im Kyosho V-One R.

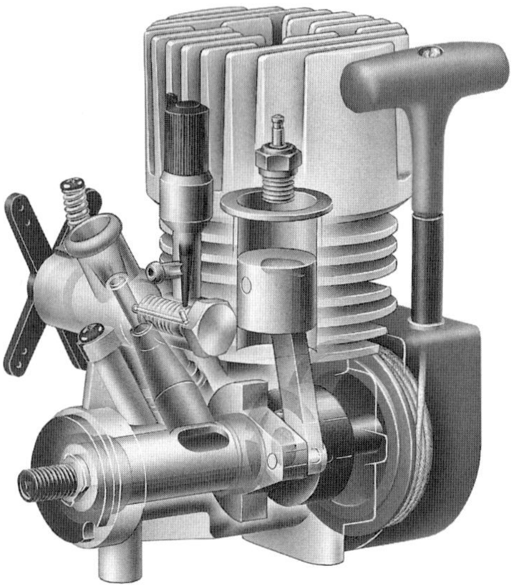

Schnitt durch einen Zweitaktmotor (Zeichnung: Kyosho)

zurück in den Brennraum gedrückt und der Kolben verschließt alle Kanäle. Im Gegensatz zum Expansionsschalldämpfer muss also der Abstand des Resonanzrohrs zum Motor genau abgestimmt werden, um eine optimale Leistungsentfaltung zu erreichen. Dazu muss zunächst ein Resonanzrohr ausgewählt werden, das für den Motor geeignet ist. Die Dimensionierung dieser Rohre richtet sich im Wesentlichen nach dem Hubraum der Motoren, sodass hierdurch bereits eine gewisse Grundeinstellung erreicht ist. Die Feinabstimmung erfolgt dann über den Verbindungsschlauch zwischen Auspuffkrümmer und Resonanzrohr: Ziel ist es, dass die Druckwelle im richtigen Augenblick das frische, unverbrannte Gas in den Brennraum zurückdrängt. Die Einstellung des Resonanzrohrs wird im Kapitel „Fahrwerkeinstellung und Tuningmöglichkeiten“ bei den Möglichkeiten zur Leistungssteigerung beschrieben.

Funktionsprinzip des Zweitaktverbrennungsmotors

Heutzutage arbeiten nahezu alle Verbrennungsmotoren im RC-Car nach dem Zweitaktprinzip. Die wesentlichen Vorteile dieser Bauart gegenüber Viertaktmotoren sind der einfachere Aufbau, das daraus resultierende geringere Gewicht und die höhere Leistung: Nockenwelle, Ventile, Königswelle oder Zahnriemen fehlen komplett, die Höchstdrehzahlen liegen weit über denen der Viertaktmotoren. Diesel- und Wankelmotoren finden im Modellauto keine Verwendung, diese Typen sind nur noch vereinzelt im Flugmodellbau zu finden.

Der Hubraum der in diesem Buch betrachteten Modellmotoren beträgt zwischen 1,7 und 2,5 cm^3, dabei ist es bei ihnen grundsätzlich wie bei großen Verbrennungsmaschinen: Je mehr Hubraum der Motor besitzt, desto höher ist sein Drehmoment und meist auch seine Leistung. Im Fahrbetrieb gilt jedoch nicht Hubraum statt, sondern Hubraum und Spoiler. Auf den Motoren selbst und in der Typbezeichnung finden sich oft Angaben wie „.12“ oder „.15“. Diese Zahlen geben den Hubraum in cubic inch (Kurzzeichen: cu in) an, einer Maßeinheit, die in den USA und in Großbritannien gebräuchlich ist. 1 cu in entspricht 16,387 cm³, sodass sich für die Hubräume der hier betrachteten Motoren folgende Tabelle ergibt.

Umrechnung von Hubraumangaben

Hubraum in cu in	cm³ (rechnerisch, gerundet)	cm³, Praxiswerte
0,10	1,64	1,70
0,11	1,80	1,80
0,12	1,97	2,10
0,13	2,13	k.A.
0,14	2,29	k.A.
0,15	2,46	2,49
0,21*	3,44	3,49

*wird überwiegend im 1:8 Bereich verwendet
k.A. = keine Praxiswerte bekannt

Dass die Praxiswerte von den rechnerisch ermittelten Hubräumen in der Regel abweichen liegt daran, dass die Maßeinheit cubic inch auf

Der Pfeil deutet auf einen Umströmkanal, durch den frisches Gemisch in den Brennraum strömt

zwei Stellen nach dem Komma gerundet gröber ist als unsere Kubikzentimeter. Was geschieht nun im Inneren des Verbrennungsmotors? Während der Aufwärtsbewegung des Kolbens gelangt das Kraftstoff-Luft-Gemisch durch einen Kanal, der meist in der Kurbelwelle verläuft, in den Raum unterhalb des Kolbens und von dort durch Kanäle in der Laufbuchse (so genannte Umström- oder Überströmkanäle) in den Brennraum zwischen Kolben und Zylinderkopf. Hat der Kolben bei seiner Aufwärtsbewegung eine bestimmte Höhe er-

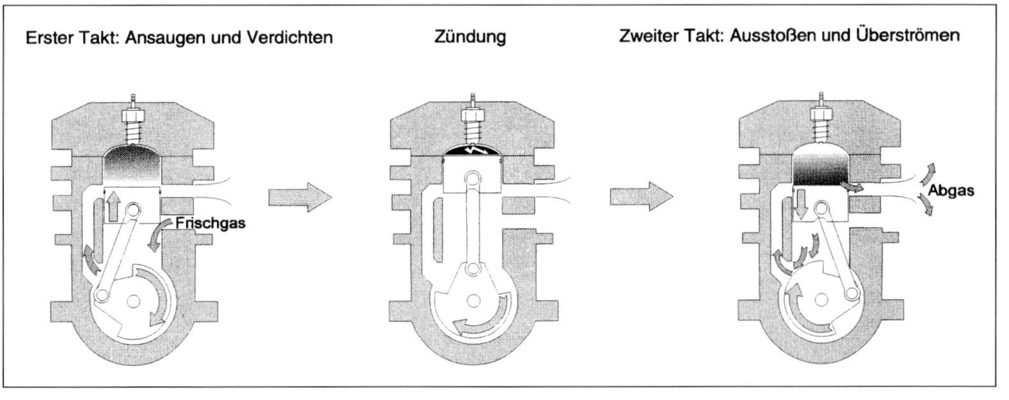

Funktionsweise des Zweitaktverbrennungsmotors (Zeichnung: Kyosho)

reicht, verschließt er die Überströmkanäle und verdichtet das Gemisch. Bei Erreichen des oberen Totpunktes (Abkürzung: o.T.), dann also, wenn sich der Kolben in seiner höchsten Stellung befindet, wird das Kraftstoff-Luft-Gemisch von der Glühkerze gezündet und explodiert. Durch die schlagartige Ausdehnung des Gases wird der Kolben nach unten gedrückt und öffnet bei einer bestimmten Stellung erneut die Umströmkanäle und den Abgaskanal. Das Abgas steht noch immer unter hohem Druck und entweicht durch diesen Kanal, gleichzeitig strömt durch die Umströmkanäle frisches Gemisch in den Brennraum ein. Bis hier hat sich die Kurbelwelle genau einmal gedreht. Je nach Motor und Vergaserstellung wiederholt sich der eben beschriebene Vorgang bis zu etwa 30.000-mal, während Sie diesen Absatz lesen.

Anbauteile am Modellmotor und sonstige Komponenten

Die Fliehkraftkupplung

Im Gegensatz zu Elektromotoren, die zum Anhalten des Modells einfach ausgeschaltet werden, haben Verbrennungsmotoren eine gewisse Leerlaufdrehzahl. Bei den Motoren in diesem Buch sind das zwischen 2.000 und 3.000 U/min. Wird diese Drehzahl weit unterschritten, geht der Motor aus und muss neu gestartet werden. Ein weiterer gravierender Unterschied zwischen Elektro- und Verbrennungsmotor liegt in der Leistungsentfaltung. Während ein Elektromotor bereits bei niedrigen Drehzahlen ein vergleichsweise hohes Drehmoment abgeben kann, benötigt ein kleiner Verbrennungsmotor eine viel höhere Drehzahl, um das gleiche Drehmoment zu bieten.

Das Leistungsdiagramm des Verbrennungsmotors wurde vom OS Max 15 RX aufgenommen, wie er im Graupner Super Mini Impuls zum Einsatz kommt. Das zweite Diagramm stammt von einem 12×2-Wettbewerbselektromotor. Bereits beim ersten Hinsehen erkennt man grundlegend unterschiedliche Verläufe der Kurven: Beim Verbrennungsmotor verläuft das Drehmoment über den gesamten Drehzahlverlauf nahezu konstant bei etwa 20 Ncm (Newtonzentimeter: Ein Drehmoment von 1 Ncm bedeutet, dass der Motor mit einem 1 cm langen Hebel an der Kurbelwelle die Kraft von 1 N ausüben kann, was in etwa 100 g entspricht. Konkret heißt das hier, dass dieser OS-Motor theoretisch an einem 20 cm langen Hebel ein

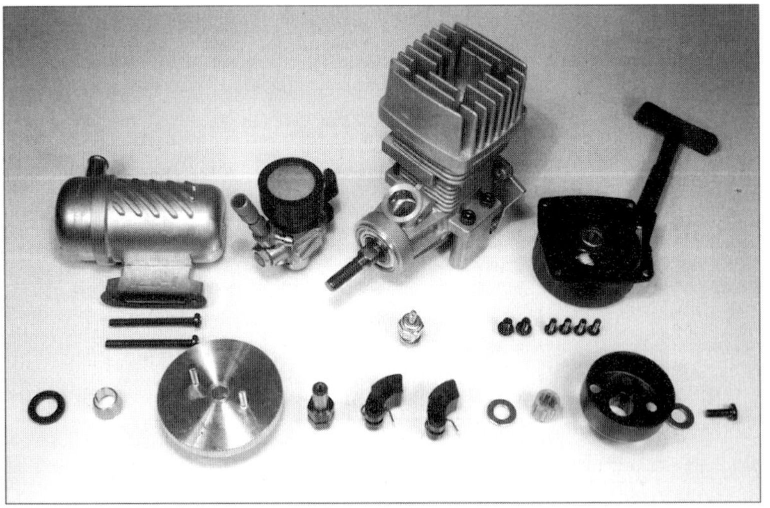

Ein HPI Motor mit Expansionsschalldämpfer und Anreissstarter. Im Vordergrund gut erkennbar sind die Einzelteile der Fliehkraftkupplung und die Schwungscheibe.

Dreibackenkupplung mit umlaufender Feder von Carson.

HPI-Motor mit Zweibackenkupplung und Torsionsfedern.

100-g- Gewicht hochheben könnte). Der Elektromotor hingegen erreicht ein ähnliches Drehmoment von etwa 21 Ncm nur in einem Drehzahlbereich bis etwa 5.000 U/min, mit steigender Drehzahl verläuft die Drehmomentkurve antiproportional zur Drehzahl, oder anders gesagt: Je höher die Drehzahl, desto niedriger das Drehmoment. Bei einer Drehzahl von 20.000 U/min beträgt das Drehmoment mit 113 Ncm nur noch etwa die Hälfte des Drehmoments des Verbrennungsmotors.

In der Praxis zeigt sich das konstant höhere Drehmoment des Verbrennungsmotors in einer besseren Durchzugskraft: Fährt das Modell mit Halbgas (also etwa halber Motorhöchstdrehzahl) und wird Vollgas gegeben, so ist die Beschleunigung besser als beim Elektromodell, dessen Motor bei dieser Drehzahl nur noch das halbe Drehmoment des Verbrennungsmotors aufweist.

Diese Messung ist vergleichbar mit der Elastizitätsmessung bei richtigen Autos: Je kürzer die Zeit ist, die ein Auto benötigt, um von 80 auf 120 km/h im höchsten Gang zu beschleunigen, desto größer ist das Drehmoment des Motors in den unteren Drehzahlbereichen. In der folgenden Tabelle ist dies am Beispiel des VW Passat (Modelljahr 2003) dargestellt.

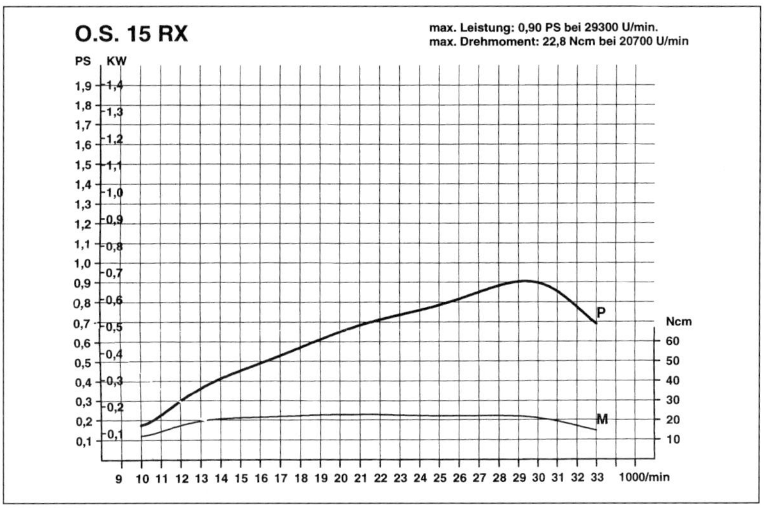

Leistungs- und Drehmomentkurve eines Verbrennungsmotors ...

Elastizitätswerte VW Passat Limousine (alle mit Fünfgangschaltgetriebe)		
Motor	**maximales Drehmoment**	**Elastizität von 80 auf 120 km/h im 5. Gang (in Sekunden)**
75 kW Otto (Benziner)	148 Nm	17,0 s
74 kW TDI (Diesel)	250 Nm	13,0 s
96 kW Otto (Benziner)	195 Nm	13,5 s
96 kW TDI (Diesel)	285 Nm	11,0 s

Es ist gut erkennbar, dass die Dieselmotoren wegen ihres höheren Drehmoments deutlich schneller von 80 auf 120 km/h beschleunigen als die gleich starken Benzinmotoren.

Ein ebenfalls grundsätzlich verschiedenes Bild haben die Verläufe der Leistungskurven, also die Höhe der Leistung, die bei einer Drehzahl zur Verfügung steht.

Beim Verbrennungsmotor steigt die Leistung gleichmäßig bis auf 0,66 kW (Kilowatt, 1 kW entspricht 1,36 PS) bei einer Drehzahl von 29.300 U/min, der Elektromotor erreicht seine maximale Leistung von 0,24 kW bereits bei 20.174 U/min. Der Verbrennungsmotor entwickelt bei dieser Drehzahl aber schon eine Leistung von etwa 0,5 kW, mehr als doppelt so viel also. Und während beim Elektromotor mit steigender Drehzahl diese Leistung weiter abnimmt, steigert der Verbrennungsmotor seine Leistung noch einmal um 0,16 kW.

Die bei diesem Vergleich genannten Zahlen beziehen sich auf den Elektromotor GM Evolution 12×2 und den Verbrennungsmotor OS Max 15 RX, beim Vergleich von anderen Motoren werden sich also auch andere Zahlen ergeben. Der qualitative Verlauf, also der Trend, in welche Richtung sich die Kurve bewegt, ist jedoch auch bei anderen Motoren nahezu gleich, sodass als Resümee dieser Betrachtung gesagt werden kann: Der Verbrennungsmotor braucht hohe Drehzahlen, um dem Modell zu guten Fahrleistungen zu verhelfen, während der Elek-

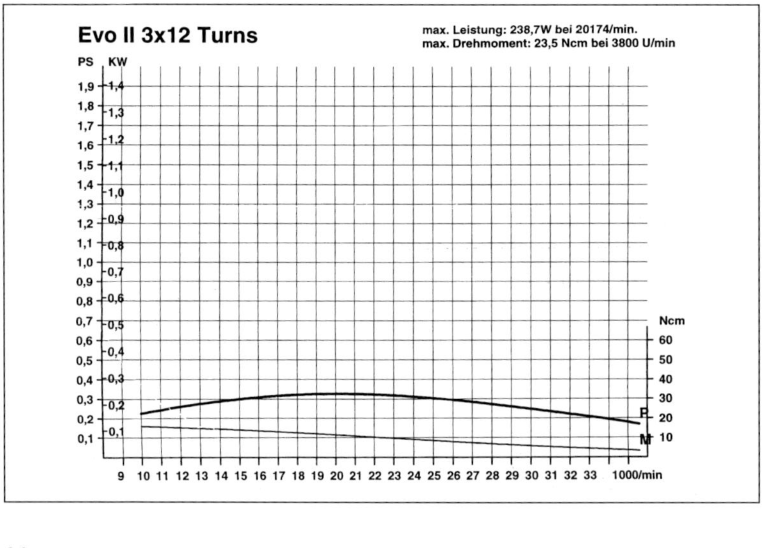

... und eines Elektromotors

Wie zerstöre ich meine Fliehkraftkupplung? Gibt man beim Festhalten des Modells Gas, spürt man sehr gut die Kraft, die durch die Kupplung übertragen wird. Allerdings verschleißt sie bei dieser Demonstration auch sehr schnell.

tromotor eher bei mittleren Drehzahlen eine optimale Leistung und bei unteren Drehzahlen ein hohes Drehmoment entwickelt.

Dabei darf auch nicht unerwähnt bleiben, dass die Untersetzung des Getriebes eine wesentliche Rolle beim Optimieren des Antriebs spielt: Ein extrem kurz untersetzter Verbrennungsmotor wird also auf jeden Fall für eine bessere Beschleunigung sorgen als ein zu lang untersetzter Elektromotor.

Um die oben beschriebene Charakteristik des Verbrennungsmotors optimal auszunutzen, finden im RC-Car-Bereich Fliehkraftkupplungen Anwendung. Diese Kupplung wird direkt auf die Motorwelle montiert, der Abtrieb zum Getriebe und von dort zu den Rädern erfolgt über ein Ritzel, das mit der Kupplungsglocke verbunden ist.

Die Funktion einer Fliehkraftkupplung ist relativ einfach. Sie basiert auf dem physikalischen Gesetz, dass alle Körper, werden sie kreisförmig bewegt, nach außen streben. Im Alltag erleben wir dieses Gesetz beispielsweise in einer Loopingbahn, wo man nicht herausfällt, obwohl man kopfüber in der Bahn sitzt.

In der Fliehkraftkupplung befinden sich zwei oder mehr Kupplungsbacken, die drehbar einseitig auf der Schwungscheibe gelagert sind und von einer Feder zusammengehalten werden. Bei niedrigen Drehzahlen reicht die Kraft der Feder aus, um die Backen daran zu hindern, sich nach außen zu bewegen. Mit höherer Drehzahl steigt auch die Fliehkraft, die auf die Kupplungsbacken wirkt, sodass die Backen trotz Feder nach außen streben. Dort berühren sie die Kupplungsglocke und verbinden Motorwelle und Kupplungsglocke kraftschlüssig miteinander: Die Kupplung ist geschlossen, sie hat eingekuppelt. Die exakt notwendige Drehzahl, die zum Einkuppeln notwendig ist, hängt von der Masse der Kupplungsbacken und der Härte der Feder ab: Je härter die Feder, desto höher muss die Drehzahl sein, damit die Fliehkraftkupplung schließt, je schwerer die Kupplungsbacken, desto eher schließt die Kupplung. In der Praxis wird der Vorgang jedoch ausschließlich über die Federhärte bestimmt.

Diese Einstellmöglichkeit beeinflusst maßgeblich die Beschleunigung eines Modells. Ist die Feder sehr weich und kuppelt die Kupplung bereits kurz über Leerlaufdrehzahl ein, beschleunigt das Modell eher träge, denn die Leistung des Motors ist in den unteren Drehzahlbereichen nun einmal nicht sehr groß. In der Theorie sollte es also das Ziel sein, eine Feder zu finden und einzubauen, die genau bei der Drehzahl das Einkuppeln zulässt, bei der der Motor die höchste Leistung und gleichzeitig das höchste Drehmoment erreicht. Praktisch ist dies jedoch eher nicht empfehlenswert, denn wie aus dem Leistungsdiagramm ersichtlich ist, erreichen Modellmotoren ihr maximales Drehmoment erst bei ziemlich hohen Drehzahlen, sodass eine Regulierung der Geschwindigkeit im mittleren Bereich kompliziert ist. Im Fahrbetrieb sollte man also einen Kompromiss zwischen maximaler Beschleunigung und angenehmer Geschwindigkeitsregelung suchen. Wer sein Modell nur zum Spaß auf der Straße betreibt, wird dabei eine weiche Geschwindigkeitsregelung zu schätzen wissen, während derjenige, der auf der Rennstrecke fährt, eine möglichst zügige Beschleunigung favorisieren dürfte. Die Endgeschwindigkeit bleibt konstant, unabhängig davon, welche Feder verwendet wird. Schließlich hat sie keinen Einfluss auf Leistung und Höchstdrehzahl des Motors.

In der Regel sind die Kupplungen bei den heutzutage im Handel erhältlichen Modellen mit Verbrennungsmotor bereits ab Werk so eingestellt, dass sie entsprechend der Fahrzeugcharakteristik wirkt: Höherwertige Modelle mit einer Abstammung aus dem Wettbewerb werden mehr auf optimale Fahrleistungen getrimmt, die Geschwindigkeit bei Allroundmodellen für Einsteiger sollte auch in unteren Geschwindigkeitsbereichen schon gut regelbar sein.

Welche Kräfte zwischen Kupplungsbacken und Kupplungsglocke wirken, erahnt man spätestens dann, wenn man die Beschleunigung des Modells sieht. Eher ungeeignet als Demonstration für diese Kräfte ist es, das Modell auf der Fahrbahn festzuhalten und Gas zu geben. Man fühlt hier zwar den Drang des Modells nach vorne sehr gut, allerdings wirkt sich diese Demonstration auf die kleine Kupplung in etwa so aus, als würde man einen Pkw mit schleifender Kupplung über den Brennerpass bewegen: Der Verschleiß ist um ein Vielfaches höher als im normalen Fahrbetrieb, die Lebensdauer von Kupplungsbacken und Kupplungsglocke sinkt rapide. Im Extremfall erwärmt sich die Kupplung durch die starke Reibung derart, dass sie zerstört wird.

Die Bremse

Der zweite große Unterschied zwischen dem Antrieb eines Elektromodells und dem eines Verbrennermodells ist die Bremse. Der Elektromotor wirkt beim Rollen des Modells als Generator und erzeugt eine Spannung. Schließt man den Motor kurz, versucht der Motor, diese Energie in eine entgegengesetzte Drehung umzuwandeln und wirkt somit als Bremse.

Beim Verbrenner RC-Car ist ein völlig anderes Konzept notwendig, um das Modell wirkungsvoll zu verzögern. Hier kommt der Motor als Verzögerer überhaupt nicht in Betracht, denn selbst eine Motorbremse ist nicht möglich, da die Kupplung auskuppelt, sobald Gas weggenommen wird. Das Modell rollt und wird lediglich durch die Reibung im Antriebsstrang und an den Rädern gebremst. Je nach Höchstgeschwindigkeit und Reibung im Antrieb können mehrere 100 Meter bis zum Stillstand des Modells vergehen. In den aktuellen Modellen wird deshalb fast ausschließlich eine Schei-

Eine Kyosho-Scheibenbremse mit gelochter Scheibe und Bremsbelägen aus Kunststoff.

benbremse in den Antriebsstrang integriert, die das Modell zuverlässig verzögert. Während bei Großmodellen teilweise wie beim großen Auto jedes Rad von einer Scheibenbremse gebremst wird, greift die Scheibenbremse in kleineren Modellen meist an der Kardanwelle zwischen Mitteldifferenzial und Achsdifferenzial oder an einer Getriebewelle zentral an. Das Gewicht dieser Modelle ist nicht zu hoch, sodass die Belastung des Antriebsstranges beim Bremsen nicht zu groß wird. Die Anlenkung der Scheibenbremse geschieht durch das gleiche Servo, das auch den Vergaser steuert. Eine Scheibenbremse besteht im Wesentlichen aus drei Komponenten: der Bremsscheibe, den Bremsbacken und dem Anlenkhebel. Die Bremsscheibe ist meist aus einem reibungs- und temperaturbeständigen Kunststoff, verschiedene Hersteller rüsten ihre Modelle aber auch mit Bremsscheiben aus Stahl oder speziellen Legierungen aus. Die Stahlscheiben sind zur besseren Kühlung gelocht, Kunststoffscheiben haben an der Oberfläche meist eingearbeitete Profile, durch die Luft strömt und die Scheibe kühlt. Die Bremsscheibe ist kraftschlüssig mit dem Antriebsstrang verbunden und meist auf einem Vierkant schwimmend gelagert, das heißt, sie kann sich axial (parallel zur Welle) in einem bestimmten Bereich bewegen. Diese Lagerung ist wichtig für die optimale Ausnutzung der Kraft des Gas-Brems-Servos: Von den beiden Bremsbacken, die von beiden Seiten auf die Bremsscheibe wirken, ist eine fest und die andere beweglich gelagert. Betätigt nun das Servo den Anlenkhebel, so wird die lagerbockseitige Bremsbacke gegen die Scheibe gedrückt. Die Scheibe verschiebt sich durch diesen Druck auf ihrer Welle in Richtung der zweiten, festen Bremsbacke. Jetzt drückt das Servo die bewegliche Bremsbacke und die Bremsscheibe gegen die zweite Bremsbacke, die Bremse greift und verzögert das Modell. Dieser Vorgang geht natürlich viel schneller als hier beschrieben. Die bewegliche Bremsbacke und die Bremsscheibe verschieben sich auf wenigen Millimetern, die schwimmende Bremsscheibe und die bewegliche Bremsbacke wirkt auf den Betrachter zunächst ohnehin wie zu locker verschraubt. Um die Bremskraft zu erhöhen und den Verschleiß zu verringern, verwenden einige Hersteller bereits

Die Bremse im gelösten Zustand. Es ist gut erkennbar, dass die Bremsbacken die Scheibe nicht berühren und sich lose auf ihren Führungen bewegen können.

Volle Verzögerung: Durch einen Exzenter wird die rechte Bremsbacke gegen die Scheibe und die linke Bremsbacke gedrückt.

Bremsbeläge, die auf die Bremsbacken geklebt oder gesteckt werden. Beim Kyosho V-One R wird beispielsweise ein linoleumartiger Kunststoff auf die Bremsbacken geklebt, sodass nicht Metall auf Metall reibt. Diese Bremse lässt sich sehr gut dosieren und bringt hohe Verzögerungsleistungen.

Ein weitere Möglichkeit zur Erhöhung der Bremskraft ist eine Mehrscheibenbremse. Zwei oder drei Bremsscheiben mit entsprechend vielen Bremsbacken sind dabei auf einer Welle angeordnet und mit einem geeignet starken Servo ist die Bremskraft um ein Vielfaches höher als bei Einscheibenbremsen. Gerade bei Offroadmodellen im Maßstab 1:8 findet man häufig eine solche Bremsanlage, im 1:10er-Glattbahnbereich ist eine gute Einscheibenbremse wegen des geringeren Gewichts der Modelle hingegen vollkommen ausreichend.

Betriebssicherheit wird groß geschrieben

Ferngesteuerte Modelle, egal ob mit Elektro- oder Verbrennungsmotorantrieb, können sehr hohe Geschwindigkeiten erreichen. Deshalb geht von ihnen eine besondere Gefahr aus, die man stark reduzieren kann, wenn man einige Dinge beachtet.

Die Fernsteuerung

Die meisten Fehler, die dazu führen, dass ein Modell außer Kontrolle gerät, sind bei der RC-Anlage zu finden. Bereits beim Kauf der Fernsteueranlage kann man viel für die Betriebssicherheit seines Modells tun: Auch wenn Fernsteueranlagen im 27-MHz-Band noch immer angeboten werden und häufig ein paar Euro billiger sind als RC-Anlagen im 40-MHz-Band, sollte man sich für eine 40-MHz-Fernsteueranlage entscheiden. Der wichtigste Grund, der gegen das 27-MHz-Band spricht, ist die Tatsache, dass 27 MHz quasi den Frequenzmüllplatz Deutschlands darstellt. Viele einfachere Sendeanlagen ohne besondere Zulassungen funken in diesem Frequenzbereich, zum Beispiel auch der CB-Funk (CB = Citizen Band, Jedermann-Funk). Im 40-MHz Band hingegen dürfen nur Fernsteueranlagen für Modelle betrieben werden, was die Störungsmöglichkeiten dementsprechend reduziert.

Neben der Übertragungsfrequenz gibt es auch Unterschiede in der Modulationsart der Signale, das heißt in der Form der Funkwellenaufbereitung. Hier werden Amplitudenmodulation (AM), Frequenzmodulation (FM) und Pulscodemodulation (PCM) unterschieden. Von der Übertragungssicherheit am besten sind PCM-Anlagen, sie sind jedoch auch mit Abstand am teuersten. AM-Anlagen stellen die preiswerteste Alternative dar, FM-Fernsteuerungen haben neben einem etwas höheren Preis auch eine etwas bessere Übertragungssicherheit. Grundsätzlich gewährleisten jedoch alle

Vier Mignonzellen zu einem Akkupack verlötet und mit Klebeband mechanisch gegen Auseinanderfallen gesichert. Das Schalterkabel ist gleich mit angelötet.

genannten Modulationsarten eine gute und absolut ausreichende Übertragungssicherheit, wenn einige hier beschriebene Punkte berücksichtigt werden.

Nur mit Akkupacks

Sehr wichtig ist es, immer volle Akkus im Sender und für die Empfängerstromversorgung im Modell zu verwenden. Vermeiden Sie es, die Akkus so weit wie möglich leer zu fahren, etwa so lange, bis die Servos sich deutlich langsamer als normal bewegen, denn die Reichweite der Fernsteueranlage nimmt bei leeren Akkus deutlich ab. Besteht zwischen Sender und Empfänger keine Funkverbindung mehr, so bleiben die Servos in der Position, in der sie zuletzt waren. Im schlimmsten Fall steht das Gasservo auf Vollgas und das Lenkservo neutral, das Modell beschleunigt auf Höchstgeschwindigkeit und zerschellt dann an einer Streckenbegrenzung. Dies ist zwar der ungünstigste Fall, aber Murphy hat leider sehr oft Recht ...

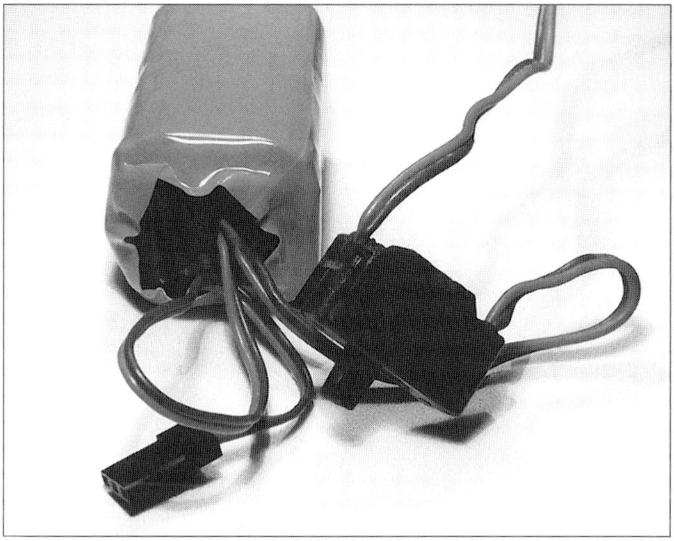

Das Akkupack zusätzlich noch eingeschrumpft, der zweite Stecker dient zum Laden.

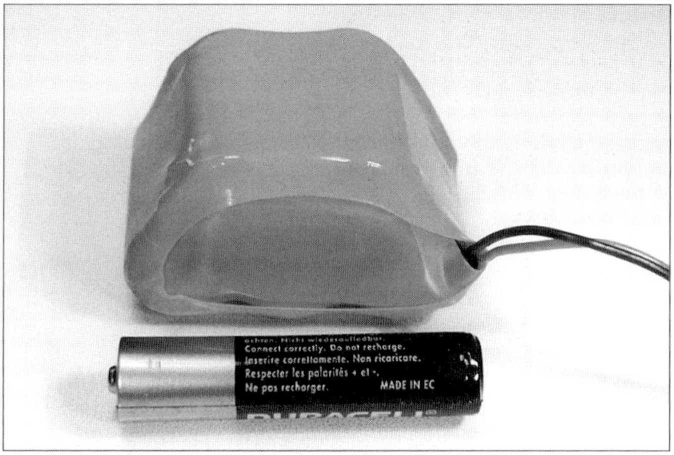

Auch eine Möglichkeit: Je nach Modell müssen unter Umständen auch kleinere Akkus verwendet werden. Hier ein fünfzelliger Akkupack zum Einbau in den Kyosho V-One R.

Bereits beim Zusammenbau gibt es Verschiedenes zu beachten: Verwenden Sie möglichst niemals den Batteriekasten für die Empfängerstromversorgung, auch wenn nahezu alle Bauanleitungen es so vorschreiben. Die Zellen werden in diesen Batteriekästen durch Federn an den Minuspolen gegen die Pluspole gedrückt. Durch die Vibrationen im Modell besteht die Gefahr, dass der Kontakt zwischen Zelle und Batteriekasten und damit auch die Stromversorgung für den Empfänger und die Servos unterbrochen wird. Kaufen Sie vier Akkus der Größe Mignon (AA) mit einer Kapazität von mindestens 800–1.000 mAh und verlöten Sie diese Zellen so miteinander, dass sie in Reihe geschaltet sind. Knipsen Sie das Kabel vom Batteriekasten möglichst nah am Batteriekas-

Einblick in ein kugelgelagertes Servo mit Kunststoffgetriebe

Natürlich muss das Servo auch mechanisch in Ordnung sein: Ziehen Sie die Schrauben nur so fest, dass die Befestigungslaschen nicht auseinander gedrückt werden

ten ab und löten Sie es direkt auf die Pole. Dabei sollte man vermeiden, dass zwischen Akkupack und Schalter eine Steckverbindung besteht: Dies ist ein unnötiges Risiko, denn auch diese Steckverbindung kann sich während des Betriebs lösen. Sollte also am mitgelieferten Batteriekasten ein kleiner Stecker angebracht sein, der dann mit dem Schalterkabel zusammengesteckt wird, löten Sie Ihr Akkupack direkt an das Schalterkabel. Dabei empfiehlt es sich, ein weiteres Kabel an den Akku zu löten, an dem sich ein Stecker befindet, an den das Ladegerät angeschlossen werden kann. Damit wird vermieden, dass der Akkustecker jedes Mal zum Laden aus dem Empfänger herausgezogen werden muss. Das ist nämlich umständlich und außerdem leidet die Kontaktsicherheit, weil der Stecker im Laufe der Zeit ausleiert. Sollten Sie keine große Erfahrung im Löten haben, sprechen Sie einen Clubkameraden Ihres Vertrauens oder Ihren Modellbauhändler an. Für zusätzliche Stabilität dieses Akkupacks empfiehlt es sich, die Zellen mit Heißkleber oder Sekundenkleber miteinander zu verkleben und das Pack anschließend einzuschrumpfen. Ein Schrumpfschlauch mit etwa 65 mm Breite ist für diesen Zweck optimal. Die Befestigung des Akkupacks im Modell soll sehr sicher und robust sein, damit ein Herausfallen des Packs während der Fahrt oder bei einem Crash vermieden wird. Meist löst sich beim Herausfallen des Akkupacks auch die Steckverbindung zum Empfänger, sodass alle Servos auf in der Stellung bleiben, in der sie gerade waren – Steuerung unmöglich. Wenn die Bauanleitung Ihres Modells vorschreibt, den Empfänger mit doppelseitigem Klebeband am Chassis oder auf der Radioplatte zu befestigen, sollten Sie ein möglichst dickes, schaumartiges doppelseitiges Klebeband benutzen. Die Vibrationen des

Motors wirken dadurch nicht mehr so stark auf den Empfänger, die Gefahr einer Beschädigung des Empfängers durch Vibrationen wird erheblich reduziert. Darüber hinaus soll das Akkupack gegen Herausfallen aus der Halterung oder dem Modell gesichert werden. Dies kann man recht gut mit Kabelbindern erledigen, die bereits vielen Bausätzen beiliegen oder die man billig im Baumarkt erwerben kann.

Optimale Servos

Bei der Wahl der Servos ist ebenfalls einiges zu beachten. Leider gilt bei diesen Bauteilen häufig „Je teurer, desto besser", und zwar aus mehreren Gründen. Standardservos, die den meisten Fernsteueranlagen beiliegen, haben ein Kunststoffgetriebe und sind nicht kugelgelagert. Darüber hinaus ist die Stellgeschwindigkeit, also die Geschwindigkeit, in der das Servo vom Neutralpunkt in den Vollausschlag fährt, recht niedrig.

Im Fahrbetrieb merkt man die geringe Stellgeschwindigkeit daran, dass das Modell recht träge auf Lenkbefehle vom Sender reagiert und selbst ein sehr gut eingestellter Motor beim Gasgeben nicht spontan hochdreht. Viel schwerwiegender wirkt sich eine niedrige Stellgeschwindigkeit beim Bremsen aus: Eine durchschnittliche Stellzeit eines Standardservos beträgt etwa 0,2 Sekunden. Geht man davon aus, dass die maximale Bremswirkung bei 50% Servoweg erreicht wird, vergehen etwa 0,3 Sekunden, um von Vollgas auf maximale Bremsleistung zu gelangen. Ein sehr schnelles Modell, das eine Höchstgeschwindigkeit von etwa 80 km/h erreicht, legt pro Sekunde gut 22 m zurück. Bis zum Erreichen der maximalen Bremskraft bei deiner Vollbremsung fährt es also noch 0,3 Sekunden × 22 m/s = 6,6 m. Das Modell kommt also auch erst 6,6 m später zum Stehen – oder ist vielleicht schon mit hoher Restgeschwindigkeit auf das Hindernis geprallt. Hätte sich dieser RC-Car-Fahrer für ein sehr schnelles Gas-Brems-Servo entschieden, das eine Stellzeit von nur 0,07 Sekunden benötigt, wäre die maximale Bremskraft bereits nach 0,105 Sekunden × 22 m/s = 2,31 m die maximale Bremswirkung erreicht und würde eben auch entsprechend eher stehen: Das entspricht einem um 65% kürzeren Anhalteweg! Natürlich sind die Vorteile eines schnellen Lenkservos dieselben: Eine hohe Stellgeschwindigkeit ermöglicht schnelle Lenkbewegungen und erhöht die Wendigkeit des Modells.

Neben einem merklich kürzeren Anhalteweg, spontaneren Reaktionen auf Gas und schnellen Lenkbewegungen liegt ein weiterer Vorteil der teureren Servos in der höheren Stellkraft. Während die Meßgröße „Stellzeit" ausschließlich bei unbelastetem Servo gemessen wird, erkennt man an der Stellkraft das Drehmoment eines Servos. Sie wird angegeben in Ncm (Newtonzentimeter) oder kg × cm, wobei 1 kg × cm etwa 10 Ncm entspricht. Hat ein Servo zum Beispiel eine Stellkraft von 68 Ncm, so bedeutet dies, dass das Servo an einem 1 cm langen Ruderhorn eine Kraft von 68 N ausüben kann. Einfacher gesagt: Es kann 6,8 kg an einem 1 cm langen Ruderhorn oder 3,4 kg an einem 2 cm langen Ruderhorn usw. hochheben. Im Modell bemerkt man eine hohe Stellkraft daran, dass das Servo die Bremse betätigt oder die Lenkung einschlägt, ohne langsamer zu werden.

Hier ist es ähnlich wie beim großen Auto: Drehen Sie das Lenkrad eines Fahrzeugs, das mit einer Servolenkung ausgestattet ist, zunächst bei ausgeschaltetem und anschließend bei laufendem Motor: Sie schaffen es in einer viel kürzeren Zeit, die Räder einzuschlagen, wenn Sie über eine größere Stellkraft verfügen, die Ihnen die Servopumpe des Fahrzeugs zur Verfügung stellt. Ihre persönliche „Stellzeit" reduziert sich dadurch erheblich. Auch ist es ein Unterschied, ob Ihr Fahrzeug mit 145 mm oder 235 mm breiten Reifen ausgerüstet ist und ob Sie einen Kleinwagen oder einen tonnenschweren Geländewagen fahren: Beim Modell ist es genauso! Gerade bei Offroadmodellen, die über breitere Reifen verfügen und ein höheres Gewicht haben als Glattbahner, ist eine hohe Stellkraft besonders wichtig.

Die Kugellagerung, die heute bereits bei Servos ab etwa 20–25 Euro erhältlich ist, verringert das Spiel in der gesamten Ansteuerung, da Kugellager im Gegensatz zu Kunststofflagern auch nach längerer Betriebszeit nicht ausschlagen. Folglich kann man das Servo viel länger verwenden.

Beim Kauf des richtigen Servos sollte man also dem Händler auch das Modell nennen, in das man das Servo einbauen möchte. Eine hohe Stellgeschwindigkeit ist bei allen Modellen wichtig, wobei die Stellkraft des Lenkservos bei höherem Fahrzeuggewicht eine größere Bedeutung hat als bei leichten Modellen, auch Offroader benötigen stärkere Lenkservos als Flachbahnmodelle. Beim Gas-Brems-Servo sollte man einen guten Kompromiss zwischen Stellgeschwindigkeit und -kraft finden.

Mehr Spannung

Eine weitere Möglichkeit, die Stellzeit zu verringern und die Stellkraft zu erhöhen, ist die Erhöhung der Versorgungsspannung. Wie oben beschrieben, bestehen die meisten Akkupacks aus vier Zellen, die in Reihe geschaltet eine Nennspannung von 4,8 V bereitstellen. Die meisten Empfänger und Servos sind jedoch für Spannungen bis 6 V zugelassen. Durch die höhere Spannung dreht der kleine Elektromotor im Servo schneller und mobilisiert ein höheres Drehmoment.

Je nach den Platzverhältnissen im Modell kann man entweder eine fünfte Mignonzelle an den Akkupack anlöten oder man wählt eine andere Akkugröße. Der Nachteil der Version mit der fünften Mignonzelle ist ein höheres Gewicht, dafür ist diese Variante die preisgünstigere. Alternativ können oder müssen Akkus mit einer anderen Bauform verwendet werden. Meist haben diese Zellen, da sie kleiner sind, auch eine niedrigere Kapazität, das heißt, sie müssen öfter geladen werden. Dafür erhöht sich das Gewicht des Modells nicht. Informationen darüber, ob Ihr Empfänger und Ihre Servos mit 6 V betrieben werden können, finden Sie in der Betriebsanleitung der RC-Anlage, in den Katalogen der Hersteller oder bei Ihrem Modellbauhändler. Ob man Nickel-Cadmium- (NiCd) oder Nickel-Metallhydrid-Akkus (NiMH) verwendet, spielt eine Nebenrolle. NiCd-Akkus sind in der Regel sehr preisgünstig, insbesondere die Standardbauform Mignon (AA) bekommt man bereits für 1 Euro pro Stück. Der größte Nachteil der NiCd-Akkus ist ihr Memoryeffekt, das heißt, entlädt man sie nicht vollständig und/oder lädt sie nicht zu 100%, verlieren sie im Laufe der Zeit Kapazität. Diesen Nachteil haben NiMH-Akkus nicht, dafür sind sie etwas teurer und erfordern höherwertigere Ladetechnik.

RC-Anlage testen

Beim Einbau der Fernsteuerungskomponenten in Ihr Modells sollten Sie darauf achten, dass alle Steckverbindungen sicher gegen unbeabsichtigtes Lösen sind, alle Stecker sollten fest in den Buchsen eingeklemmt oder eingerastet sein. Falls Ihre RC-Anlage schon älter ist und der Empfänger und die Servos bereits sehr oft in andere Modelle ein- und ausgebaut wurden, prüfen Sie besonders sorgfältig, ob alle Steckverbindungen sicher sind, und tauschen alte, ausgeleierte Stecker gegen neue aus.

Nach dem Zusammenbau und vor jedem Einsatz auf neuem Gelände oder nach längerer Standzeit sollte ein Reichweitentest durchgeführt werden. Dazu benötigt man einen Helfer, der sich mit eingeschaltetem Modell so weit vom Sender entfernt, bis Störungen auftreten. Diese Störungen können so aussehen, dass ein Servo zu brummen oder zittern beginnt oder dass die Servos die Befehle der Fernsteuerung nicht mehr fehlerfrei befolgen und beispielsweise zeitversetzt oder gar nicht den Steuerbefehl umsetzen oder nicht in ihre Mittellage zurückkehren. Bei eingeschobener Senderantenne sollten zwischen Sender und Modell mindestens 15 m liegen. Falls es bereits eher zu Störungen kommt, hilft die folgende Tabelle bei der Fehlersuche.

Störungen der Fernsteuerung

Mögliche Fehlerquelle	Ursache	Abhilfe
Sender- oder Empfängerakku	Die Akkus sind nicht ausreichend geladen.	Laden Sie die Akkus.
Kanalwahl (Quarz)	Ein zweiter Modellbauer betreibt in der Nähe sein Modell und verwendet den gleichen Kanal in seiner Fernsteueranlage. Nur bei 27-MHz-Anlagen: Ein CB-Funkgerät o.Ä. wird in der Nähe betrieben.	Wechseln Sie die Quarze in Ihrem Sender und Empfänger.
Die Antenne im Modell ist nicht in Ordnung.	Das Antennenkabel ist zu kurz: Je kürzer die Antenne im Modell, desto schlechter ist der Empfang.	Sorgen Sie dafür, dass das Antennenkabel in Ihrem Modell so lang wie möglich ist, ideal sind 70 cm bei 27-MHz-Anlagen und 50 cm bei 40-MHz-Anlagen.
	Das Antennenkabel ist beschädigt.	Prüfen Sie das Antennenkabel auf Abschürfungen und Knickstellen und tauschen Sie es gegebenenfalls aus.
	Das Antennenkabel wurde um ein Metallteil gewickelt oder verläuft über längere Strecken sehr nah an einem Metallteil.	Sorgen Sie dafür, dass das Antennenröhrchen und der Empfänger so nah wie möglich beieinander montiert sind. Vermeiden Sie es, das Antennenkabel um ein Metallteil zu wickeln oder an Metallteilen zu befestigen.
	Das Antennenröhrchen verläuft zu flach, zum Beispiel unter der Karosserie.	Bohren Sie ein Loch in die Karosserie, durch welches das Antennenröhrchen senkrecht nach oben ragen kann.
Die Quarze sind nicht mehr in Ordnung.	Alterung. Nach einigen Jahren „laufen die Quarze weg“, d.h., ihre Parameter verändern sich.	Tauschen Sie die alten Quarze gegen neue aus.
Der Sender ist nicht in Ordnung.	Verschieden. Probieren Sie zunächst einen anderen Sender aus. Sind die Probleme jetzt verschwunden, so ist der Sender defekt.	Falls Sie erfahren sind im Umgang mit elektronischen Geräten und die Garantiezeit abgelaufen ist, öffnen Sie das Gehäuse und prüfen Sie, ob die Verbindung zwischen der Platine und dem Antennenfuß unterbrochen ist, und reparieren Sie diesen Fehler gegebenenfalls. Trauen Sie sich diesen Eingriff nicht zu oder besteht noch ein Garantieanspruch, wenden Sie sich an Ihren Modellbauhändler.
Der Empfänger ist defekt.	Der Empfänger ist feucht geworden oder wurde durch die Vibrationen im Modell beschädigt.	Tauschen Sie den Empfänger aus und führen Sie erneut einen Reichweitentest durch. Ist die Reichweite mit dem gleichen Sender wesentlich besser, wenden Sie sich mit der Bitte um Reparatur an Ihren Fachhändler oder den Hersteller des Empfängers. Wichtig: Liefern Sie eine detaillierte Fehlerbeschreibung, die Reparaturkosten werden dadurch verringert.

Nothelfer: Fail-Save-System
Auch wenn es vielleicht unglaublich klingt: Fernsteueranlagen und Quarze können auch aufgrund der Alterung verschiedener Bauteile funktionsunfähig werden.

Diejenigen unter Ihnen, die vor einigen Jahren eines der ersten schnurlosen Telefone erwarben, werden dieses Phänomen erlebt haben, wenn die Reichweite des (meist sehr teuren) Gerätes auch mit neuen Akkus immer geringer wurde.

Um Crashs durch Störungen in der Empfangsanlage zu verhindern oder wenigstens die Folgen zu minimieren, gibt es mehrere Autopiloten oder Fail-Save-Systeme, die meist ein Servo in eine vorher programmierte Stellung bringen, falls zum Beispiel die Entfernung zwischen Sender und Empfänger zu groß wird oder Defekte am Sender auftreten. Solche Schaltungen gibt es bereits als Bausatz für unter 10 Euro, aber auch teurere, komfortablere Module werden von einigen Herstellern angeboten.

Ob eine solche Schaltung sinnvoll ist, hängt von der Meinung des Modellbauers und dem Anwendungsgebiet ab. Man muss sich aber darüber im Klaren sein, dass diese Module ihre Aufgabe nur bei Fehlern im Sender erfüllen oder wenn sich das Modell zu weit vom Sender entfernt. Da die Schaltungen ihre Versorgungsspannung nämlich in aller Regel aus dem Empfängerakku beziehen, funktioniert das Fail-Save nicht, wenn der Empfängerakku zu stark entleert ist oder bei einem Crash beschädigt wurde.

Auch kann ein solches System mechanische oder elektronische Schäden am Servo nicht kompensieren, gleiches gilt für verhakte Gestänge, lose Ruderhörner, und so weiter. Bei dem niedrigen Preis dieser Schaltungen kann man jedoch nichts falsch machen. Gerade diejenigen, die sich ihrer Sache noch nicht so sicher sind, sollten in Erwägung ziehen, ein streichholzschachtelgroßes Fail-Save in ihrem Modell einzubauen, Zusatzgewicht hin oder her.

Gut versichert?

Modelle mit Verbrennungsmotor sind sehr schnell. Selbst gute Einsteigermodelle erreichen Geschwindigkeiten von 60 km/h und mehr, weshalb besondere Vorsicht angebracht ist. Wer eine private Haftpflichtversicherung abgeschlossen hat, ist zwar versichert, wenn er zum Beispiel einem Hobbykollegen einen Schraubendreher abbricht oder versehentlich auf dessen Modell tritt und es dabei beschädigt, die meisten Policen decken jedoch keine Schäden, die durch den Betrieb von Modellautos entstehen. Wer also mit seinem Modell auf der Straße vor dem Haus fährt und dabei einen Fahrradfahrer aus dem Sattel wirft, der sich beim Aufprall auf die Straße zu allem Überfluss auch noch den einen oder anderen Knochen bricht, hat ein großes Problem. Wenn es sich bei dem Radfahrer um den besten Kumpel handelt, wird man sich sicher gütlich einigen können. Sollte der Biker jedoch seiner Krankenversicherung, die zunächst seine Heilungskosten übernimmt, die genauen Umstände für den Unfall melden, werden Sie von ihr einen freundlichen Brief bekommen mit der Aufforderung, der Versicherung die Kosten für die Reparatur des Radfahrers zu erstatten. Da der Radfahrer auch einige Schmerzen hatte und wochenlang mit Gips durch die Gegend humpelte, greift womöglich auch dessen Anwalt zur Schreibmaschine und fordert Schmerzensgeld von Ihnen. Je nach Schwere der Verletzungen kommen so schnell fünfstellige Summen auf den RC-Car-Fahrer zu, die er komplett aus eigener Tasche zahlen muss. Selbst wer sein Modell nur auf speziellen Rennstrecken für RC-Cars betreibt, genießt in der Regel keinen Versicherungsschutz durch seine Privathaftpflicht.

Um es nicht so weit wie in diesem Beispiel kommen zu lassen, sollte jeder Modellsportler zwei Dinge berücksichtigen:

– Ein Versicherungsschutz speziell für das Betreiben von RC-Cars ist sehr sinnvoll.

– Vor jeder Fahrt das Modell auf absolute Betriebssicherheit überprüfen.

Die private Haftpflichtversicherung deckt in der Regel nur Schäden durch Modellfahrzeuge, die eine Geschwindigkeit von nicht mehr als 6 km/h erreichen. Auf Nachfrage teilten mir mehrere Gesellschaften mit, dass sie auch schnellere Modelle versichern würden, hierfür jedoch eine erhöhte Prämie fällig sei. Je nach Gesellschaft lag dieser Zuschlag zwischen 40 und 100 Euro, sodass sich Gesamtjahresprämien von mindestens rund 120 Euro ergaben.

Da sich die Angebote auf dem Versicherungsmarkt recht schnell ändern können, werden hier absichtlich keine Gesellschaften namentlich genannt. Bei den befragten Versicherern handelt es sich jedoch um bekannte und bundesweit tätige Unternehmen.

Wer nun feststellt, dass die eigene Versicherung das RC-Car nicht versichern möchte, hat zum Versicherungswechsel noch Alternativen. Eine reine RC-Car-Haftpflicht, die gegen Zuschlag auch das Risiko von Modellflugzeugen abdeckt, bietet auch der Informationsverein Modellbau (IVM e.V.). Um den Versicherungsschutz zu erhalten, muss zunächst eine kostenlose Mitgliedschaft in diesem Verein beantragt werden. Als Mitglied kann man dann auch eine Haftpflichtversicherung zur Deckung der Schäden aus dem Betrieb von RC-Cars abschließen.

Auch der Dachverband des deutschen Modellautosports, der Deutsche Minicar Club (DMC e.V.), bietet eine solche Haftpflichtversicherung an. Die Prämie dafür ist im Jahresbeitrag enthalten. Um in den Genuss dieser Versicherung zu kommen, ist eine Mitgliedschaft in einem der DMC-Ortsvereine notwendig. Auch für diese Mitgliedschaft ist ein Mitgliedsbeitrag zu entrichten.

Die oben genannten Versicherungen decken alle Schäden, die durch ein RC-Car entstehen, egal, ob das Modell auf einer Rennstrecke, auf einem Parkplatz oder auf einer Straße betrieben wird. Wer jedoch meint, sein Modell auf einer belebten Hauptstraße oder in der Fußgängerzone der Innenstadt betreiben zu müssen, wird im Schadensfall auch hier auf taube Ohren stoßen.

Welcher Kraftstoff?

Das Modell ist zusammengebaut, die Akkus im Modell und im Sender sind geladen, ein Reichweitentest wurde erfolgreich durchgeführt: Der Jungfernfahrt steht nichts mehr im Wege. Oder doch? Beim Modellbauhändler gibt es mindestens zehn verschiedene Sorten Kraftstoff, alle unterschiedlich teuer, einige schimmern eher gelblich, andere scheinen durchsichtig und wieder andere weisen eine blaue Färbung auf. Dazu noch jede Menge Zahlen über Anteile irgendwelcher Chemikalien in dem kleinen Kanister und zu allem Überfluss drei „erfahrene“ Modellbauer um einen herum, von denen jeder ein anderes Produkt favorisiert und es wie auf einem türkischen Basar anpreist.

Das muss Sie aber nicht ratlos machen, denn hier soll gleich ein wenig Licht ins Dunkel der Nitromethane, Öle und Additive bringen.

Grundsätzlich besteht ein Kraftstoff für Modellmotoren aus drei Bestandteilen: einem Öl, einem Alkohol und einem Kohlenwasserstoff, dem Nitromethan (für die Chemiker: An dem Kohlenwasserstoff hängt noch eine Nitrogruppe). Ferner fügen einige Hersteller dem Kraftstoff noch unterschiedliche Additive mit ebenso unterschiedlichen Wirkungen bei. Die Hauptaufgabe des Öls besteht darin, wie sollte es anders sein, einen Schmierfilm zwischen Kolben und Laufbuchse aufzubauen, damit die Reibung zwischen diesen Teilen und demzufolge der Verschleiß so gering wie möglich gehalten wird. Außerdem kühlt das Öl den Motor zusätzlich, es wird nicht verbrannt und zusammen mit dem Abgas ausgestoßen. Der Alkohol, meist ist es Methanol, ist hauptverantwortlich für die Verbrennung im Motor,

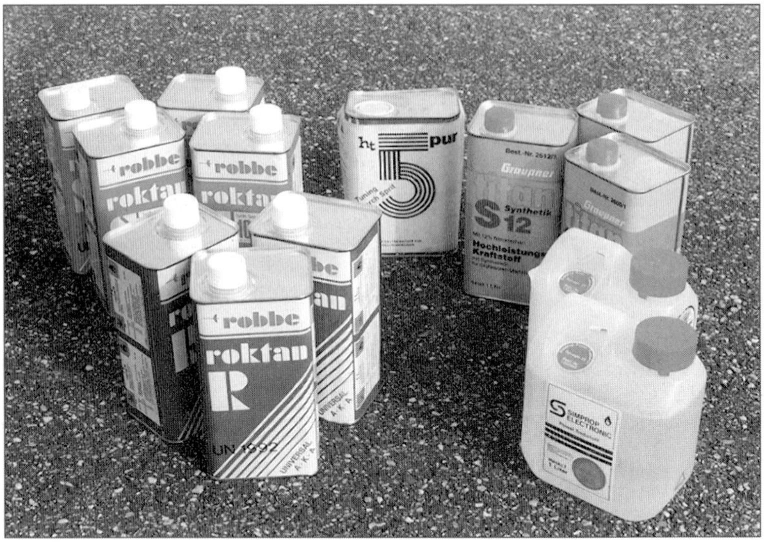

Die Qual der Wahl.

Nitromethan kommt die Aufgabe der Leistungssteigerung zu, es ist so zusagen der „Nachbrenner“ und der mit Abstand teuerste Bestandteil des Modellkraftstoffs. Bei den Additiven gehen die Hersteller unterschiedliche Wege. Einige verzichten ganz darauf, andere mischen leistungsfördernde oder oxidhemmende Zusätze bei.

Je nachdem, welches Öl dem Kraftstoff überwiegend beigemischt ist, unterscheidet man Rizinuskraftstoff und synthetischen Kraftstoff. Erstgenannter ist meist etwas preisgünstiger und enthält ein natürliches Öl, meist ist es Rizinus. Dieses Öl hat den Vorteil der besseren Umweltverträglichkeit, neigt jedoch zum Verharzen. Das äußert sich darin, dass nach einigen Tankfüllungen an den Stellen, die Kontakt mit dem Öl hatten und heiß werden, eine gelbe bis braune Kruste entsteht. Gerade der Schalldämpfer, der Krümmer und der Zylinderkopf sind besonders betroffen. Neben dem nicht ganz schönen Aussehen hat diese Kruste noch einen entscheidenden Nachteil, der sogar zur Gefahr werden kann: Sie wirkt isolierend und verhindert so eine wirkungsvolle Kühlung des Motors. Die Intensität der Krustenbildung ist je nach Ölanteil im Sprit und Häufigkeit der Reinigung des Motors verschieden. Als Zuschauer erkennt man ein Modell, das mit einem Rizinuskraftstoff betrieben wird, am süßen, etwas klebrig wirkenden Abgasgeruch.

Wird der Motor nach dem Betrieb nicht mit Alkohol oder Nitroverdünnung gereinigt, bilden sich in seinem Brennraum und überall dort, wo Kraftstoffreste haften, Harze. Die Ursache dafür ist wiederum das im Sprit enthaltende Rizinusöl, denn mit der Zeit verdunsten Methanol und Nitromethan durch die Öffnungen im Motor. Zurück bleibt das Öl, und nach einiger Zeit bemerkt man erschrocken, wie schwer sich die Kurbelwelle des Motors drehen lässt.

Um die Verharzung zu verringern, sollte man nur Kraftstoffe verwenden, denen ein Additiv gegen Verharzung beigemischt ist. Andernfalls kann es sein, dass nach einer längeren Lagerung der Motor zerlegt und mit Verdünnung gereinigt werden muss – darüber später mehr im Kapitel „In die Werkstatt bitte ...“.

Diese Probleme treten beim etwas teureren synthetischen Kraftstoff normalerweise nicht auf. Das enthaltende Öl hat bei nicht zu hohen Motortemperaturen bessere Eigenschaften in Bezug auf Schmierwirkung und Verharzung.

Interessant ist, dass seit einiger Zeit insbesondere Kraftstoffe für den Einsatz mit besonders leistungsstarken Wettbewerbsmotoren neben Synthetiköl wieder einen kleinen Anteil Rizinusöl enthalten. Die Ursache dafür liegt darin, dass das Rizinusöl bei sehr hohen Motortemperaturen eine bessere Schmierwirkung und eine bessere Kühlung bietet als die synthetischen Öle. Durch die bereits angesprochenen Additive wird bei diesem Kraftstoff die Verharzung unterbunden.

Welches Mischverhältnis zwischen den drei Bestandteilen richtig ist, hängt von mehreren Faktoren ab. Viele Hersteller empfehlen zum Einlaufen des Motors einen Kraftstoff mit hohem Ölanteil und wenig Nitromethan, damit sich alle beweglichen Teile besser einarbeiten können. Dies ist jedoch nicht zwingend notwendig: Wenn in der Einlaufphase das Gemisch ausreichend fett eingestellt wird, kann bereits jetzt ein Kraftstoff mit einem höherem Nitromethananteil verwendet werden.

Die Obergrenze des Nitromethananteils bildet zum einen das Budget, da 1 l eines synthetischen Kraftstoffs mit 25% Nitromethan schon einmal über 20 Euro kosten kann. Zum anderen sind da die Reglements für die Rennserien: Alle in diesem Buch vorgestellten Rennserien gestatten einen Nitromethananteil von maximal 16% im Kraftstoff. Als Untergrenze sollten ca. 10% Nitromethan gesehen werden. Zwar laufen die meisten Motoren auch mit weniger Nitromethan recht gut, sie geben jedoch nicht die Leistung ab, die sie abgeben könnten. Außerdem ist das Einstellen des Motors mit höherwertigem Kraftstoff tendenziell einfacher. Für den Betrieb aller in diesem Buch getesteten Modelle haben sich synthetische Kraftstoffe mit einem Nitromethangehalt von rund 16% bestens bewährt. In Verbindung mit den serienmäßigen Glühkerzen der verschiedener Hersteller waren alle Motoren gut zu handhaben.

Obwohl ausgiebige Tests mit drei Motoren verschiedener Fabrikate durchgeführt wurden, konnte kein merklicher Unterschied zwischen den Kraftstoffen der einzelnen Hersteller festgestellt werden. Die synthetischen Kraftstoffe von Robbe und Graupner sind denen von Hobbythek und Simprop ebenbürtig, vergleicht man Kraftstoffe mit gleichem Nitromethangehalt. Selbst die Abgase der unterschiedlichen Kraftstoffe riechen nahezu gleich bissig, sodass hier kein Testsieger gekürt werden kann.

Interessant sind sicher die Kraftstoffe aus den Häusern Robbe und Hobbythek, denen ein Antikorrosionsadditiv beigemischt ist, aber auch mit den Kraftstoffen der anderen Hersteller konnte bei den Testmotoren kein Rost festgestellt werden. Bei jedem Wechsel des Kraftstoffs, sei es, dass ein Produkt eines anderen Herstellers oder ein Kraftstoff mit anderer Zusammensetzung gewählt wird, ist unter Umständen die Vergasereinstellung zu ändern und eventuell eine andere Glühkerze zu montieren. Bleibt die Zusammensetzung des Kraftstoffs gleich und wechselt man nur den Hersteller, reicht meist ein leichtes Korrigieren der Düsennadeleinstellung. Wird ein Kraftstoff mit anderer Zusammensetzung gefahren, zum Beispiel mit höherem Nitromethangehalt, sind in der Regel etwas größere Einstellarbeiten notwendig, je nach Kraftstoff kann es auch sein, dass man eine Glühkerze mit anderem Wärmewert verwenden muss.

Bauarten der Modelle und ein kleiner Einkaufsratgeber

Aktuelle Modelle verschiedener Bauarten und von verschiedenen Herstellern.

Auf den nächsten Seiten werden die einzelnen Arten von Verbrennermodellen vorgestellt. Wir unterscheiden dabei recht deutlich zwischen den einzelnen Typen, in der Praxis ist es jedoch nicht immer eindeutig möglich, ein Modell einer Kategorie zuzuordnen. Im Testteil wird deutlich, dass einige Modelle zwar auf den ersten Blick einer Klasse zuzuordnen sind, beim zweiten Hinschauen aber doch nicht dort hineinpassen. Im Anschluss daran soll eine kleine Kaufberatung mit Tipps zur Auswahl des richtigen Fahrzeugs helfen, spätere Enttäuschungen zu vermeiden. Auch befassen wir uns mit der Frage, wann ein gebrauchtes Modell ein gutes Angebot ist und wann man besser die Finger davon lässt.

Auf der Straße, abseits der Straße oder irgendwo dazwischen?

Neben den reinen Onroadmodellen, die nur auf ebenem Untergrund bewegt werden können, und den richtigen Geländefahrzeugen, den so genannten Offroadmodellen, gibt es immer mehr Modelle, die aufgrund ihres Fahrwerks auf ebener Fahrbahn zügig bewegt werden, darüber hinaus aber auch auf leicht unebenem Untergrund, zum Beispiel auf einem Feldweg, keine Traktionsprobleme haben. Für welche Bauart man sich entscheidet, hängt letztlich nur davon ab, wo man sein Modell betreiben möchte: Eine Rangfolge, was besser oder schlechter ist, lässt sich hier nicht aufstellen. Grundsätzlich gibt es ein paar Dinge, über die man sich im Klaren sein muss, bevor man sich für eine bestimmte Modellkategorie entscheidet.

Da ist zunächst einmal die Frage, wo man sein Modell betreiben möchte. Wer auf einer Rennstrecke fahren will und damit liebäugelt, auch einmal an einem Rennen teilzunehmen, kommt an einem reinen Onroadmodell nicht vorbei. Für diese Modellkategorie gibt es mehrere Rennserien in Deutschland, außerdem ist die Zahl derer, die so ein Modell besitzen und es nur zum Spaß betreiben, vergleichsweise hoch. Ein weiterer Vorteil ist die recht geringe Neigung dieser

Links ein Onroad-, rechts ein Offroad-Modell. Dazwischen ein Rallyemodell.

Der HPI Nitro RS4 nach einem Offroadeinsatz – hier ist eine Grundreinigung fällig!

Pro und Kontra Modelltypen

	reines Straßenmodell	Rallyecrossmodell	Offroader (Buggy, Racingtruck)
Möglichkeit zur Teilnahme an Rennen	++	–	o
Verbreitung bei anderen Modellsportlern	++	+	o
Vorhandensein von Plätzen und Strecken zum Betreiben des Modells	+	++	o
Pflegeaufwand des Modells (Reinigung usw.)	+	o	–
Tauglichkeit für besondere Fahrmanöver (Sprünge usw.)	–	o	++

++ = sehr gut
\+ = gut
o = mittelmäßig
– = schlecht

Modelle, im Betrieb zu verschmutzen. Je nach Auspuffkonstruktion kommt wenig bis gar kein ölhaltiges Abgas mit dem Modell in Berührung, sodass recht wenig Staub und Schmutz am Modell festkleben kann. Diejenigen, die sich nicht scheuen, ihr Modell nach jedem Einsatz einer Grundreinigung zu unterziehen, sind mit einem Offroadmodell gut beraten. Kauft man sich noch einen Satz Straßenreifen, können diese Modelle auch einmal auf dem abgesperrten Parkplatz betrieben werden. Im Gelände hat man die Möglichkeit, mit dem Modell spektakuläre Sprünge durchzuführen, und auch das Wegspritzen des Schmutzes beim Kurvenfahren hat seine Reize. Es soll jedoch nicht unerwähnt bleiben, dass es für Offroader im Maßstab 1:10 in Deutschland keine Meisterschaften gibt. Die Zahl der Rennen ist wegen der wenigen Modelle am Markt sehr gering, wenn überhaupt, handelt es sich um reine Freundschaftsrennen, die im Rahmenprogramm von anderen Rennen durchgeführt werden. Ein Reglement existiert zwar, eine Deutsche Meisterschaft wird hingegen nicht ausgetragen.

Wer allenfalls an Rennen gegen Hobbyfreunde teilnimmt, dafür aber sein Modell an möglichst vielen Orten betreiben will, sollte die Anschaffung eines Rallyecrossmodells überlegen. Sie bauen heute meist auf Onroadmodellen auf, die manchmal sogar über ein Fahrwerk mit längeren Federwegen verfügen, immer jedoch griffige Reifen haben, die sowohl auf Asphalt als auch auf Schotter oder Sand guten Griff aufbauen. Je nach Laune können diese Modelle aus Spaß auf der Rennstrecke betrieben werden oder aber auf dem Feldweg oder einem gepflasterten Parkplatz. Aufgrund der meist etwas vergrößerten Bodenfreiheit sind auch Gullydeckel oder kleine Steine beim Überfahren kein Hindernis und die Karosserie ist nicht sofort ramponiert, wenn man einen flachen Bordstein hinunterfährt. Nun gibt es einige Hinweise zu den einzelnen Kategorien, um schon einmal die Eigenschaften darzustellen, an denen man ein gutes Modell erkennt.

Buggies im Maßstab 1:10

Bei diesen Modellen handelt es sich oftmals um Fahrzeuge, die auf einem elektrisch angetriebenen Modell basieren oder von einem Verbrennermodell im Maßstab 1:8 abgeleitet wurden. Als Beispiel für Modelle „mit Verwandtschaft" seien genannt der GP Ultima von Kyosho (GP = Gas Powered, benzingetrieben) und die TC-4-Modelle aus dem Hause GM-Racing, sie alle teilen sich viele Teile mit elektrisch angetriebenen Modellen des jeweiligen Herstellers. Es gibt jedoch auch eigenständige Modelle, wie beispielsweise den Graupner Super Mini Impuls und den in diesem Buch nicht vorgestellten Inferno TR-15 von Kyosho. Der Inferno hat zwar einige Gleichteile mit einem Tourenwagenchassis von Kyosho gemeinsam,

Diese beiden Offroadmodelle von Kyosho und Graupner wurden für dieses Buch getestet.

das Fahrwerk ist jedoch recht eigenständig. Bei der Auswahl eines Modells sollten Sie sich eine Checkliste anfertigen, nach der Sie die infrage kommenden Fahrzeuge kritisch begutachten. Einen guten Offroadbuggy erkennt man unter anderem an folgenden Ausstattungsmerkmalen:

Der sehr flexible Flügel des Kyosho Inferno 10.

Gut erkennbar sind die langen Querlenker des Kyosho Ulitma. Sie sorgen für lange Federwege und ein gutes Fahrverhalten auf unebener Piste.

- Das Modell besitzt Allradantrieb über Kardanwellen. Der Allradantrieb ist für eine gute Traktion, hohe Beschleunigung und kurze Bremswege von Vorteil, die Kardanwellen sind unempfindlich gegen Schmutz, von dem im Gelände ja ausreichend vorhanden ist.
- Serienmäßig ist das Modell mit Kugellagern ausgestattet. Lagerbuchsen, die gefettet werden müssen, binden feinen Schmutz, der auf die drehenden Teile wie Schmirgelpapier wirkt und teure Reparaturen verursachen kann.
- Die Querlenker sind sehr lang und aus robustem Kunststoff gefertigt. Die oberen Querlenker sollten auf jeden Fall verstellbar sein, um das Modell rasch auf eine Strecke einstellen zu können.
- Ein langer Radstand ist wichtig für einen guten Geradeauslauf und ein ruhiges Fahrverhalten.
- Möchte man später einmal mit seinem Modell an Rennen teilnehmen, muss bereits beim Kauf darauf geachtet werden, dass alle Maße innerhalb des DMC-Regelments OR10 liegen.
- Die Federwege sollten sehr lang sein, auf jeden Fall muss das Modell mit Öldruckstoßdämpfern ausgerüstet sein. Die Stoßdämpfer sind dabei so einstellbar, dass das Chassis so weit einfedern kann, dass es auf dem Boden aufliegt. Sollten die Stoßdämpfer schon ganz eingefedert sein und das Chassis liegt noch nicht auf dem Boden auf, kann es nach Sprüngen im Gelände zu Be-

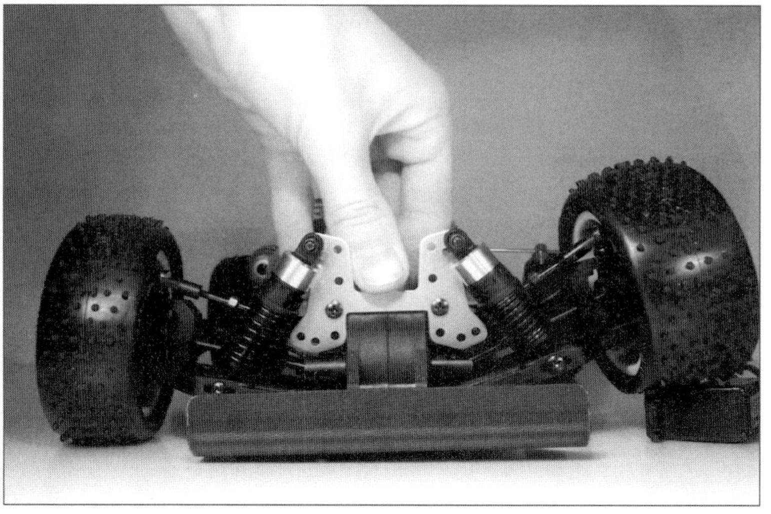

Bei zu harten Stößen kann dieses Modell so weit einfedern, dass das Chassis auf dem Boden aufliegt. Dies vermeidet Beschädigungen an den Stoßdämpfern und ihren Befestigungen.

schädigungen an den Stoßdämpfern und an den Stoßdämpferbrücken kommen, da die Kräfte zu groß werden.

- Für die Stoßdämpfer gibt es an den Stoßdämpferbrücken und Querlenkern verschiedene Befestigungspunkte, um das Fahrverhalten auf die jeweilige Strecke abzustimmen.
- Die Räder sind sehr groß, Stand der Technik sind Felgen mit einem Außendurchmesser von 2,2" (etwa 5,6 cm). Je größer der Reifendurchmesser ist, desto größer ist auch die Fläche, mit der der Reifen auf dem Boden aufliegt. Dies fördert den Vortrieb und die Seitenführungskraft, das heißt, das Modell hat mehr Griff, es rutscht nicht so schnell in der Kurve. Die Felgen sollten aus einem leichten Material gefertigt sein, um die rotierenden ungefederten Massen so gering wie möglich zu halten.
- Die Getriebe sind gegen Schmutz von außen gekapselt und laufen sehr leicht. Zwei bis drei Differenziale sollte das Modell schon besitzen, optimal ist ein sperrbares Mitteldifferenzial. Alle Getriebe sollten leicht zugänglich sein, um schnell Wartungsarbeiten oder Reparaturen durchführen zu können.
- Die Schraubenköpfe auf der Unterseite des Chassis sollten gesenkt sein, sodass die Fläche absolut glatt ist. Im Gelände wird das Modell beim Durchfedern, also wenn das Chassis auf dem Boden schleift, weniger gebremst und kann nicht an Steinen oder Gräsern hängen bleiben. Und natürlich schleifen sich die Köpfe gesenkter Schrauben auch bei weitem nicht so schnell ab wie bei ungesenkten.
- Dem Modell liegt eine flache, aerodynamische Karosserie und ein Spoiler aus robustem Material bei. Der Spoiler sollte dabei nicht aus Lexan, sondern aus einem weicheren Kunststoff gefertigt sein, damit er nicht beim ersten Überschlag einreißt.
- Die Karosserie liegt eng am Chassis an, um möglichst wenig Schmutz eindringen zu lassen.
- Bei vormontierten Modellen beschreibt die Bauanleitung den Zusammenbau, sodass das Modell bei Wartungsarbeiten in seine Einzelteile zerlegt werden kann.
- Das fertige Modell ist vergleichsweise leicht, es sollte nicht mehr als 1.700 g im fahrfertigen Zustand wiegen (Mindestgewicht laut Reglement: 1.600–1.700 g, je nach Motor)
- Der Hersteller bietet ein breites Sortiment an Tuningteilen an.

Gute Beispiele für Buggies, die diese Kriterien gut erfüllen, sind die oben angeführten Modelle von Kyosho und Graupner. Zwar sind beim Kyosho Inferno 10 die Schraubenköpfe auf der Chassisunterseite nicht gesenkt, er ist jedoch konstruktiv gut durchdacht und seine Baukastenausstattung erfüllt auch anspruchsvolle Wünsche. Das Graupner-Modell kann wahlweise mit oder ohne Motor erworben werden, dem Kyosho TR-15 liegt bereits ein 2,5-cm³-Motor bei. Bei Modellen, die für den Wettbewerbseinsatz konzipiert wurden, ist ein fehlender Motor nicht ungewöhnlich und somit nicht negativ zu bewerten. Auch bei vielen Wettbewerbselektromodellen sind keine Motoren im Bausatz enthalten, da der ambitionierte Modellsportler den Motor separat vom Modell auswählt.

Racingtrucks oder Stadiumtrucks

Zunächst sei hier erklärt, dass es sich bei den Racing- oder Stadiumtrucks genannten Fahrzeuge um Modelle handelt, die nicht wie die Monstertrucks riesige Räder und eine sehr hohe Karosserie besitzen und eher auf Show und schweres Gelände ausgelegt sind, sondern um diejenigen Modelle, die als Zwitter aus diesen Monstertrucks und den reinrassigen Rennbuggys bezeichnet werden können. Für diese Fahrzeuge gilt im Prinzip das für die Buggys Gesagte. Der Unterschied zu den Buggys liegt in den meist noch besseren Fahrwerken, denn durch die größeren Maximalbreiten, die das Reglement für die Elektroracingtrucks erlaubt, ist es den Herstellern möglich, noch längere Querlenker und Stoßdämpfer einzusetzen. Natürlich haben sie auch andere Karosserien als die Buggys und die Reifen sind größer und breiter, weisen jedoch auch einen niedrigen Querschnitt auf. Das Reglement für die Elektrotrucks schreibt einen Mindestdurchmesser von 92 mm und eine Mindestbreite von 45 mm vor, was eine gute Vorstellung von der Größe der Renntrucks vermittelt. In diesem Bereich gibt es derzeit nach meinen Recherchen keine eigenständigen Modelle. Der amerikanische Hersteller Team Losi und der englische Schumacher leiten ihre Racingtrucks mit Verbrennungsmotor von der jeweiligen Elektroversion ab, Kyosho hingegen geht beim GP Ultima ST Sports (ST = Stadium Truck) den Weg, einen Truck aus einem Buggy zu konzipieren, indem größere Reifen, längere Querlenker und Stoßdämpfer sowie eine Truck-Karosserie mit einem bestehenden Buggychassis kombiniert werden: Auf dem gleichen Fahrwerk basiert auch der in diesem Buch vorgestellte GP Ultima. Der Vorteil gegenüber Buggys liegt bei den Stadiumtrucks in einem größeren Einsatzfeld. Die größere Bodenfreiheit erlaubt es eher, das Modell auf Gras zu betrei-

Pokale locken zum Wettbewerb.

Das Chassis des Kyosho GP Ultima ST Sport Renntrucks, die Verwandtschaft zum Buggy ist deutlich erkennbar. (Bild: Kyosho)

ben, da der Rollwiderstand niedriger ist. Höher sind dafür der Schwerpunkt und das Gewicht, mit der Folge, dass die Fahrleistungen auf relativ ebenem Gelände unter denen der Buggys liegen, auf sehr unebenen Strecken oder Graspisten ist es aber durchaus möglich, mit einem Truck schneller unterwegs zu sein als mit einem Buggy.

Die derzeit am Markt befindlichen Trucks sind in der Regel hinterradgetrieben. Sie sollten prinzipiell die gleichen Kriterien erfüllen wie die Offroadbuggys. Das Gewicht eines Top-Racingtrucks überschreitet 1.800 g nur geringfügig. Die 1.800 g gelten im Elektrobereich bei den Racingtrucks als Minimalgewicht und sollten deshalb auch bei den Verbrennern als Ziel angepeilt werden.

Tourenwagen

Noch vor wenigen Jahren war es üblich, auf Basis eines Buggychassis einen Tourenwagen anzubieten. Diese Modelle hatten recht lange Federwege sowie Fahrwerke, die eher für das Gelände als für die Straße ausgelegt waren. Die Karosserien mussten auf die im Vergleich zum Radstand sehr große Breite der Modelle angepasst werden, worunter die Vorbildähnlichkeit nicht selten litt.

Mittlerweile werden nur noch wenige Modelle dieser Machart angeboten, die man am besten als „breite Tourenwagen" bezeichnet. Meist handelt es sich um ziemlich preisgünstige Fahrzeuge von No-Name-Herstellern, denn selbst kleinere Markenhersteller sind davon abgekommen, derartige Modelle anzubieten.

Die aktuellen Tourenwagen im Maßstab 1:10 haben eine Breite von etwa 20 cm und einen Radstand von etwa 25 cm. Dieses Größenverhältnis erlaubt es, die Karosserien ähnlich der Vorbilder zu proportionieren, sodass das Verhältnis von Breite zu Länge in etwa dem Original entspricht.

In den genannten Abmessungen ist das Angebot groß: Angefangen bei Einsteigermodellen mit Reibungsdämpfern und ohne Kugellager bis hin zu reinen Renngeräten findet man eine breite Auswahl an Tourenwagenmodellen in den Regalen des Handels.

Die in diesem Buch vorgestellten Modelle decken diese Bandbreite nahezu vollständig ab. Allen Modellen gemeinsam ist ein „richtiges" Fahrwerk mit Einzelradaufhängung, und trotz ihrer nicht immer ganz aerodynamisch günstigen Karosserie entwickeln sie ansehnliche Fahrleistungen.

Die Beliebtheit der Tourenwagen ist in den letzten Jahren stark angestiegen, sodass es mittlerweile neben vielen Hobby- und Spaßfahrern auch mehrere Meisterschaften mit diesen Fahrzeugen gibt.

Ein gutes Onroad- oder Glattbahnmodell erkennt man an folgenden Kriterien:

Die Querlenker eines älteren Tourenwagenmodells. Auch es zählte zur Klasse der 1:10-Modelle, hatte jedoch eher ein Offroadfahrwerk, das nur mit Straßenreifen zum Tourenwagen umfunktioniert wurde.

Ein klassischer Tourenwagen: der Porsche Carrera von Carson.

- Das Modell ist mit Öldruckstoßdämpfern und einer Aufhängung an doppelten Querlenkern ausgestattet. Die Stoßdämpfer sind zwar meist recht kurz, dies reicht für den Einsatz auf ebenen Pisten völlig.
- Alle Wellen und Räder laufen in Kugellagern. Das Fett von Lagerbuchsen bindet auch den Staub, der auf der Straße liegt, und erhöht den Verschleiß. Außerdem läuft der Antrieb des Modells durch die Kugellagerung leichter, sodass die Fahrleistungen höher liegen.
- Die Karosserie ist so dimensioniert, dass sie alle Räder komplett abdeckt und recht tief auf dem Chassis montiert werden kann, ohne dass die Räder beim Einfedern an der Karosserie schleifen.
- Die Achsgeometrie ist einstellbar. Einstellbarer Sturz an allen vier Rädern und eine einstellbare Vorspur an der Vorderachse sind Standard. Für Wettbewerbsmodelle und ambitionierte Hobbyfahrer ist es darüber hinaus sinnvoll, dass weitere Parameter (zum Beispiel der Nachlaufwinkel) einstellbar sind.
- Die Bohrungen an der Chassisunterseite sind gesenkt, sodass die Schraubenköpfe nicht durch Abschleifen auf der Fahrbahn unbrauchbar werden.
- Ein robuster Rammer aus weichem Material schützt das Modell auf der gesamten Breite.
- Auch wenn das Modell nur bei gutem Wetter eingesetzt werden soll, empfiehlt es sich, dass der Empfänger und der Akku vor Schmutz und Spritzwasser geschützt montiert sind.
- Für die Radmitnehmer gibt es auch Räder anderer Hersteller, sodass man nicht auf die Originalfelgen angewiesen ist.

Beide Modelle stammen von verschiedenen Herstellern, haben jedoch die gleichen Radmitnehmer.

Beide aktuellen Tourenwagenmodelle sind mit Öldruckstoßdämpfern und einstellbaren oberen Querlenkern mit Rechts-/Linksgewinde ausgestattet. Das Modell im Vordergrund weist darüber hinaus noch einen Stabilisator und viele verschiedene Befestigungspunkte für den Stoßdämpfer an der Kohlefaserdämpferbrücke auf.

- Je nach Fahrkönnen kann ein Zweiganggetriebe sinnvoll sein, um Beschleunigungsvermögen und Endgeschwindigkeit zu erhöhen; dieses Extra ist jedoch nicht in allen Rennserien zugelassen.
- Falls das Modell einen Allradantrieb über Zahnriemen hat, ist der Zahnriemen verdeckt, damit sich keine Steinchen zwischen den Zähnen festklemmen und die Riemenräder zerstören können.
- In den vorderen Achsschenkeln finden sich zur Kraftübertragung nicht die normalen „Knochen", sondern Kardangelenke, die weniger verschleißen und die Kräfte verlustärmer übertragen.
- Bei vormontierten Modellen liegt eine komplette Bauanleitung bei, die den Zusammenbau des gesamten Modells beschreibt. Dies erleichtert Reparaturen und Wartungsarbeiten am Fahrzeug.

Natürlich ist es stark vom aufgewandten Geld abhängig, welche der genannten Ausstattungsmerkmale das Wunschmodell aufweist. Diese Aufzählung erleichtert jedoch die Einschätzung, ob ein Modell mehr oder weniger preisgünstig ist und ob ein anderes Modell, das etwa gleich viel kostet, auch gleich viel kann.

Wie bei den Offroadmodellen gibt es insbesondere bei den Modellen für den Wettbewerbseinsatz Typen, die ohne Motor angeboten werden. Auch hier gilt, dass es für den Wettbewerbsfahrer sinnvoll ist, den Motor selbst auszuwählen. Hobbyfahrer sind meist mit einem Modell, dem ein Motor beiliegt, besser beraten, da dieser problemlos eingebaut werden kann. Allein die Anzahl der verschiedenen Motorträger, Auspuffkrümmer und Schalldämpfer ist so hoch, dass man als unerfahrener Modellbauer schnell das falsche Teil kauft, das dann nicht ins Modell passt.

Rallyecrossmodelle

Unter Rallyecrossmodellen versteht man geländegängige Tourenwagen. Modelle also, die ein Offroadfahrwerk mit einer Tourenwagenkarosserie verbinden, die oftmals den richtigen Rallyefahrzeugen nachempfunden ist.

Für Rallyecrossmodelle gilt das Gleiche wie für die Buggys, denn auch hier entscheidet ein gutes Fahrwerk über das Fahrverhalten des Modells auf einer Offroadstrecke. Fahrzeuge, die auf schmalen Fahrwerken basieren, können im Wesentlichen wegen der kürzeren Querlenker nicht den gleichen Federungs- und Dämpfungskomfort bieten wie breite Modelle.

Der in diesem Buch vorgestellte HPI Subaru Impreza ist ein typisches Rallyecrossmodell. Er weist ein Fahrwerk mit mehr Bodenfreiheit und längeren Stoßdämpfern auf, als die HPI-Tourenwagen. Weder bei der Bodenfreiheit noch beim Federweg kann der Subaru es jedoch mit reinen Offroadern, wie beispielsweise dem Graupner Super Mini Impuls, aufnehmen. Auch die Carson-Pick-ups Flasher und Wild Thing gehören in diese Kategorie. Sie haben längere Stoßdämpfer als der Porsche Carrera von Carson, der viele gleiche Teile und Baugruppen aufweist wie die beiden Pick-ups. Neben den bereits weiter oben beschriebenen Vorteilen bieten viele Rallyecrossmodelle die Möglichkeit einer Umrüstung auf einen Tourenwagen: Andere Reifen aufziehen, die Karosserie etwas tiefer setzen und fertig ist der Tourenwagen.

Kohlefaser, Kardans, komplett verstellbare Vorderachsgeometrie: die Vorderachse eines Wettbewerbstourenwagens.

Im Original und als HPI-Modell ein echtes Rallyecrossfahrzeug: der Subaru Impreza.

Erst auf den zweiten Blick als Rallyecrossmodelle erkennbar: die Pick-ups aus dem Hause Carson.

Auswahlkriterien für Modelle

Einsatzbedingungen

Je nachdem, ob man sein Modell hin und wieder auf einem Parkplatz betreiben möchte oder ob man vorhat, auch einmal an einem Rennen teilzunehmen, wird die Entscheidung für das eine oder das andere Modell fallen.

Für das erste Anwendungsgebiet ist es ratsam, ein Modell auszuwählen, das einem optisch gut gefällt und das es beim ortsansässigen Modellbauhändler zu kaufen gibt. Ausstattungsmerkmale wie Kugellagerung, Öldruckstoßdämpfer oder ein besonders leistungsstarker Motor sind nicht unbedingt notwendig. Eine Frage des Geschmacks ist das Antriebskonzept: Hinterrad- oder Allradantrieb? Fahrzeuge mit Heckantrieb weisen in der Regel die höheren Endgeschwindigkeiten auf, da die Reibungsverluste im Antrieb und das Fahrzeuggewicht niedriger sind. Der Nachteil liegt in den im Vergleich zu allradgetriebenen Modellen nicht so ruhigen und ausgewogenen Fahreigenschaften. Modellsportler, die ihr Modell intensiver betreiben, sollten hingegen auf Dinge wie Öldruckstoßdämpfer und Kugellagerung nicht verzichten, da die Fahrleistungen durch diese Ausstattungsmerkmale erheblich verbessert werden. Sinnvoll ist dabei auch die Wahl des Allradantriebs, der eine bessere Traktion bietet, höhere Beschleunigungen und besseres Bremsen ermöglicht. Für den Wettbewerbseinsatz ausgelegte Modelle sind oft etwas teurer als reine Hobbymodelle, jedoch meist aus höherwertigen Materialien hergestellt. Auch bieten die Hersteller für diese Modelle häufig eine große Auswahl an Tuningteilen an, die nach Bedarf und Geschmack eingebaut werden können.

Je weniger Erfahrung man im Umgang mit RC-Cars mitbringt, desto wichtiger ist eine gute Bau- und Betriebsanleitung. Achten Sie also beim Kauf darauf, dass dem Modell eine reich bebilderte Bauanleitung beiliegt, die nach der Beschreibung des Zusammenbaus auch dem Betrieb des Modells einige Seiten widmet.

Erstzteilversorgung

Das A und O für die Garantie ungetrübten Fahrspaßes ist die Wahl eines robusten Fahrzeugs, für das der Händler einen Ersatzteilservice anbietet. Sollte der Händler für das Wunschmodell „zwar keine Ersatzteile vorrätig haben, aber bestellen können", ist Skepsis angesagt: Da nämlich schon ein einfaches Postpaket rund 7 Euro Porto kostet, wird kein Händler ein Ersatzteil für 10 Euro oder weniger einzeln bestellen, denn hier würde er einen Verlust erleiden, wenn man berücksichtigt, dass auch die Bestellung an sich Geld kostet für Zeit und Telefon-/Fax-Gebühren oder Porto. Hat man sich für ein ziemlich exotisches Modell entschieden, das von einem No-Name-Hersteller angeboten wird, besteht darüber hinaus die Gefahr, dass der Händler zwar willig ist, Ihnen das Teil zu besorgen, der Hersteller jedoch nicht liefern kann.

Es empfiehlt sich also, bereits bei der Auswahl mit einzubeziehen, dass ein Defekt nicht den Ausfall des Modells für einige Monate bedeutet.

Als Hinweis für guten Ersatzteilservice des Herstellers ist sein Engagement im Wettbewerb zu werten. Hersteller, die zwar ein großes Programm an Flug-, Schiffs- und Automodellen anbieten, jedoch nicht ein einziges Wettbewerbsmodell, mit dem Team- oder Werksfahrer einige Titel errangen, konzentrieren ihre Geschäftstätigkeit häufig eher auf andere Modellbausparten als auf den RC-Car-Sport. Ein weiteres Indiz dafür, welchen Stellenwert der RC-Car-Bereich bei einem Anbieter einnimmt, ist die Reihenfolge, in der Automodelle, Flugzeuge und Schiffe im Katalog sortiert sind.

Als weiterer Hinweis dafür, dass die Ersatzteilversorgung von einem bestimmten Hersteller gut ist, ist die Produktpalette seiner Modellautos. Bietet das Unternehmen viele Modelle an, die sich nur durch kleine Details, durch Karosserien oder durch die Ausstattung des Baukastens unterscheiden, im Prinzip aber auf derselben Plattform basieren, so ist die Wahrscheinlichkeit einer guten Ersatzteilversorgung recht hoch, denn ein Lager kostet Geld. Je mehr Artikel hier eingelagert sind, desto höher ist das gebundene Kapital des Unternehmens, das nicht für andere Zwecke investiert werden kann. Da die Firmen einem hohen Kostendruck ausgesetzt sind, werden sie den Gesamtumfang des Lagers so klein wie möglich halten. Firma A, die zehn völlig eigenständige Modelle anbietet, reduziert also die Größe des Ersatzteillagers, indem sie von jedem der zehn Modelle weniger Ersatzteile einlagert, wodurch der Kunde möglicherweise auf ein Teil längere Zeit warten muss.

Firma B hingegen bietet ebenfalls zehn auf den ersten Blick verschiedene Modelle an, die jedoch alle auf der gleichen Plattform basieren und sich lediglich in der Ausstattung unterscheiden, zum Beispiel Racingtrucks und Buggys durch die Räder, die Karosserie und wenige Fahrwerksteile unterscheiden. Die Tourenwagen von B haben geänderte Achsen und sind tiefer gelegt, basieren jedoch ebenfalls auf derselben Plattform. Wenn B nun alle die Teile am Lager hat, die für jedes seiner Modelle passen, sind dies vielleicht nur 30% des Lagerbestands, den A haben müsste. Auch für den Modellbauhändler ist eine solche Produktpolitik attraktiv, denn auch er kann ohne umfangreiche und teure Lagerhaltung seinen Kunden Ersatzteile für eine breite Modellpalette anbieten.

In der Praxis gibt es meines Wissens zwar keinen Hersteller, der einen der beiden Wege in Reinform betreibt, beim genauen Durchlesen der Kataloge und Prospekte fällt aber schon auf, ob ein Hersteller eher Typ A oder Typ B ist. Außer den hier immer wieder genannten großen Herstellern oder Vertriebsfirmen finden sich unter den Anbietern von RC-Cars im Maßstab 1:10 mit Verbrennungsmotor auch kleine Schmieden, die ausschließlich Modellautos herstellen bzw. vertreiben. Diese Unternehmen können häufig auf einen reichhaltigen Schatz an Wettbewerbserfahrung zurückgreifen, den sie in ihre Produkte einfließen lassen. Sie unterhalten oft ein eigenes Werksteam oder haben Teamfahrer, die ihre Produkte auf Rennen testen und die gewonnenen Erkenntnisse in die Entwicklung neuer Modelle mit einbringen. Und da ein Engagement im Wettbewerb nur möglich ist, wenn alle Ersatzteile schnell verfügbar sind, stellen solche Firmen meist auch eine gute Versorgung mit Ersatzteilen sicher.

Häufig bieten diese Hersteller neben hochwertigen Modellen abgespeckte Einsteigerversionen an, die sich meist durch die Verwendung preisgünstigerer Werkstoffe unterscheiden, zum Beispiel werden Teile anstatt aus Kohlefaserwerkstoffen aus einfacheren Kunststoffen hergestellt. Auch die Ausstattung kann hier etwas weniger anspruchsvoll sein, wenn kein Zweiganggetriebe oder keine Stabilisatoren zum Baukasteninhalt gehören.

Ein Beispiel für ein solches Modell ist der V-One R von Kyosho. Neben dieser Profiversion gibt es den V-One S, der viele Teile mit seinem teureren Schwestermodell teilt.

Kompatible Teile

Für ambitionierte Modellsportler, die mit der Teilnahme an Wettbewerben liebäugeln oder ihr Fahrzeug ganz besonders gut abstimmen möchten, ist es darüber hinaus wichtig, beim Kauf auf eine gute Kompatibilität gewisser Teile zu denen anderer Hersteller zu achten. Insbesondere bei den Federn, den Radmitnehmern und den Dimensionen der Reifen und der Felgen sollte im Vorfeld geprüft werden, ob Tuningfirmen und andere Hersteller ihre Produkte auf diese ungeschriebenen Normen abgestimmt haben oder Adapter angeboten werden:

- Federn: Fragen Sie Ihren Fachhändler, ob er für Ihr Modell auch Federn anderer Hersteller führt. Achten Sie dabei besonders auf die Gesamtlänge der Federn im ungespannten Zustand und den Innendurchmesser, der etwas größer sein muss als der Außendurchmesser der Stoßdämpfergehäuse.
- Radmitnehmer: Auch im Bereich der schmalen Tourenwagen haben sich Sechskantmitnehmer mit einem Durchmesser von 12 mm und ein M4-Radmuttergewinde durchge-

Die Vorderachsen von Kyosho V-One R (links) und V-One S im Vergleich: Beide Modelle haben viele Gleichteile.

Bei den Hinterachsen gibt es weit weniger Unterschiede!

setzt. Im Offroadbereich sind darüber hinaus auch Stifte verbreitet, die durch die Hinterachse gesteckt als Mitnehmer dienen.

- Reifen und Felgen: Bei Buggys sind Felgen mit einem Außendurchmesser von 2,0“ und 2,2“ üblich, im Bereich der schmalen Tourenwagen haben sich Felgendurchmesser von etwa 50 mm durchsetzen können. In der Regel kommen hier Reifenbreiten bis zu 30 mm zum Einsatz. Diese Formate bieten alle namhaften Reifenhersteller an, sodass eine sehr große Auswahl an Gummimischungen und Profiltypen besteht.

Bezugsquellen

Es ist sinnvoll, sich nicht nur beim Modellbauhändler an der Ecke zu informieren, sondern auch mal die Meinung eines anderen Händlers in der benachbarten Stadt einzuholen und sich in dessen Laden etwas umzusehen. Auch das Internet kann gute Dienste leisten, wenn man sich einen Überblick über die gängigen Modelle verschaffen möchte.

Zur Zusammenstellung der engeren Auswahl sind Testberichte aus Fachzeitschriften nützlich, in denen das Modell bereits auf Herz und Nieren geprüft wurde. Ein guter Modellbauhändler bietet einem Anfänger darüber hinaus den Service an, bei auftretenden Problemen mit dem Zusammenbau oder bei komplizierten Einstellarbeiten gern und kostenlos zu helfen. Wer bei der Frage nach diesem Service eine Tabelle mit Stundensätzen vorgelegt bekommt, sollte seine Skepsis zum Ausdruck bringen, ob er beim richtigen Händler gelandet ist.

Wer auch ohne Beratung in einem Modellbauladen genau weiß, welches Modell er anschaffen möchte, kann natürlich auf den Versandhandel zurückgreifen. Der Nachteil dieses Einkaufs liegt in der nicht gegebenen Möglichkeit, bei Problemen mit dem Zusammenbau oder dem Betrieb des Modells kurz mal zum Händler zu fahren und ihn um Rat und Hilfe zu bitten.

Auch ein guter Versandhändler bietet dem Einsteiger jedoch an, bei Fragen zum Zusammenbau oder zu Einstellarbeiten gern zur Verfügung zu stehen, und zwar auch nach 18.00 Uhr.

Neu oder gebraucht?

Das neue Modell soll 300 Euro kosten, dazu noch die Fernsteuerung für 75 Euro, ein paar

Gebrauchte Modelle können, müssen aber nicht ein gutes Angebot sein.

Neben Zeitschriften bietet auch das Internet die Möglichkeit, ein gebrauchtes Modell zu finden.

Mignonakkus und Farbe für die Karosserie: Wer den Einstieg in den Verbrenner RC-Car-Sport machen möchte, ist beim Händler schnell 400 Euro und mehr los, bevor er mit ein paar Schachteln und voller Tatendrang in den heimischen Hobbyraum zurückfährt.

Da stellt sich die berechtigte Frage, ob ein gebrauchtes Modell nicht vielleicht eine Alternative sein kann, die hilft, den einen oder anderen Euro zu sparen. Darauf wollen wir eine Antwort versuchen. Grundsätzlich verhält es sich mit gebrauchten RC-Cars wie mit großen Gebrauchtwagen: Es gibt günstige und weniger günstige Angebote, Modelle, die besser sind, als sie aussehen, und umgekehrt. Gebrauchte Modellautos und Zubehör sind auf verschiedenen Wegen erhältlich. Der Kauf von Privat erscheint dabei am weitesten verbreitet. In den Kleinanzeigen der Fachzeitschriften (beispielsweise der „amt“ und in den lokalen Anzeigenblättern wie „Sperrmüll“, „Der Heiße Draht“ usw. werden nach bestimmten Kriterien geordnet viele verschiedene Modelle angeboten. Dabei ist es vorteilhaft, wenn der Verkäufer in der Nähe des eigenen Wohnorts wohnt, damit man sich das Modell vor dem Kauf in aller Ruhe ansehen kann. Dabei können Fragen zum Modell gestellt werden und oft haben die Verkäufer noch das eine oder andere Ersatz- oder Zubehörteil, das sie nicht mehr benötigen und mit verkaufen oder kostenlos dazugeben. Wer ein Modell sucht, das auch im Wettbewerb eingesetzt werden kann, sollte einmal einen Verein in seiner Nähe ansprechen. Manchmal gibt es Modellsportler, die gegen Saisonende ihr Rennmodell verkaufen, weil sie in der nächsten Saison ein aktuelleres Modell fahren möchten oder die Klasse wechseln.

Ein Sonderfall beim Kauf von Privat ist der überregionale Kauf, zum Beispiel über das Internet. Bei eBay werden beispielsweise ständig einige hundert Modelle versteigert, die oft jedoch nicht in der Nachbarschaft stehen, sondern am anderen Ende Deutschlands. In diesem Fall ist es ratsam, sich vor einer Gebotsabgabe mit dem Verkäufer in Verbindung zu setzen, um alle Details über das Modell zu erfahren, die Angabe „leichte Gebrauchsspuren“ interpretiert zum Beispiel jeder etwas anders. Eine Rückgabe nach dem Kauf ist nämlich gar nicht oder nur sehr schwer möglich. Gerade Einsteiger, die nicht hundertprozentig wissen, welches Modell sie haben wollen und was das angebotene leistet, sollten deshalb genau überlegen, ob dies der richtige Weg ist. Außerdem besteht bei Auktionen die Gefahr, dass man mehr bietet, als das Modell wert ist, weil man vielleicht den Neupreis nicht genau kennt: Wer hingegen genau weiß, was er sucht, und seinen Anforderungskatalog beim Auktionsobjekt erfüllt sieht, kann hier sicher fündig werden.

Eine weitere Möglichkeit, ein gebrauchtes Modell zu erwerben, sind Fachhändler. Manchmal verkaufen die Händler Dekorationsmodelle, auch Vorführfahrzeuge und in Zahlung genommene RC-Cars findet man hier. Der Fachhändler kennt normalerweise das angebotene Modell, und der Vergleich zum Neupreis ist dort naturgemäß am einfachsten möglich. Doch woran erkennt man ein gutes Angebot und worauf sollte geachtet werden? Wichtigstes Kriterium ist zunächst einmal der Preis. Für ein Modell, das mindestens gut erhalten ist, veranschlage ich als Richtwert etwa 50–75% des Neupreises. Das Alter des Modells spielt dabei zunächst eine untergeordnete Rolle: Modell A hat der Besitzer in den Sommermonaten in jeder freien Minute in vielen Rennen über die Strecke gejagt, Modell B hingegen wurde nur gelegentlich betrieben und stand die meiste Zeit des Jahres im Hobbykeller. Auch wenn beide RC-Cars gleich alt sind, wird Modell B wahrscheinlich weniger verschlissen sein.

Wichtig ist bei dieser Überlegung auch der Zustand der Karosserie. Je nachdem, ob es sich um eine detaillierte Karosserie mit aufwendigem Aufklebersatz und Anbauteilen wie Außenspiegel oder Spoiler handelt oder ob nur ein einfacher, kaum detaillierter Deckel zum Modell gehört, kann eine komplett neue Karosserie als Ersatzteil mit Farbe über 50 Euro kosten. Die Arbeit, die zum Lackieren und Ausschmücken notwendig ist, nicht mitgerechnet. Hat das gebrauchte Modell also eine stark verschlissene Karosserie, muss bei der Preisfindung bereits im Vorfeld die Beschaffung einer neuen Karosserie einkalkuliert werden.

Genaues Hinsehen empfiehlt sich auch, wenn das Modell mit Motor angeboten wird: Handelt es sich um ein Modell, das bereits ab Werk mit einem Motor geliefert wurde wie viele der in diesem Buch vorgestellten RC-Cars? Dann sollte man darauf achten, dass der angebotene Motor auch original ist. Ein Tuningmotor ist natürlich besser, hingegen ist ein

Kampfspuren an der Karosserie eines Modells, das im Rennen eingesetzt wurde. Da ist bald eine neue fällig, und sei es nur aus kosmetischen Gründen.

schwächerer Motor oder ein No-Name-Triebwerk ein Grund, sich eventuell gegen den Kauf zu entscheiden. Wichtig ist dabei, dass man genau erfragt, was einem angeboten wird.

Darüber hinaus gibt es drei Bereiche, die jeder Interessent genau untersuchen sollte: die exakte Typbezeichnung des Modells, den Motor und den Antrieb mit Aufhängung:

Der genaue Typ des Modells

RC-Cars unterliegen in aller Regel einem recht schnellen Modellwechsel. Das bedeutet, dass ein Modell, das noch im vergangenen Jahr im Handel angeboten wurde, heute schon nicht mehr erhältlich sein kann. Vor dem Kauf sollte deshalb unbedingt gefragt werden, wie die genaue Modellbezeichnung lautet. Dabei sind Begriffe wie „Pro", „MK-2", „Evolution" usw. sehr wichtig: Sie geben einen Hinweis darauf, um welche Generation es sich beim angebotenen Modell handelt. Wer beispielsweise einen HPI Nitro RS-4 angeboten bekommt, wird beim schnellen Überfliegen des aktuelle HPI-Kataloges meinen, es handele sich um das aktuelle Modell. Beim genauen Durchlesen heißen die aktuellen HPI-Modelle jedoch RS-4 2, RS-4 3 oder Super Nitro RS-4: Den im Beispiel angebotenen Nitro RS-4 gibt es also gar nicht mehr neu zu kaufen. Dies kann ein Problem nach sich ziehen: Wenn das gebrauchte RC-Car nicht mehr im Handel ist, wirkt sich das über kurz oder lang auf die Ersatzteilversorgung aus, denn die Hersteller halten die Ersatzteile in aller Regel nicht jahrelang vor. Vor dem Kauf eines nicht mehr neu erhältlichen Modells fragt man daher besser beim Hersteller an, ob es noch Ersatzteile gibt und wenn ja, wie lange sie wohl noch lieferbar sein werden. Manchmal ist es auch so, dass die neue Modellgeneration nur einen anderen Motor, neue Karosserievarianten oder wenige veränderte Details aufweist. In diesem Fall ist die Ersatzteilversorgung natürlich erheblich besser, weil viele Teile des aktuellen Modells zu der Vorgängerversion

Der Kratzer auf dem Zylinderkopf ist unkritisch, die leichten Ölablagerungen im Bereich der Glühkerze sind normal.

Dieser Schraubenkopf ist in Ordnung.

Außen weist dieser Luftfiltereinsatz einen hellen Rand auf, dunkel zeigt sich dagegen im Innenbereich der Schmutz

kompatibel sind. Ob dies so ist und welche Teile des aktuellen Modells identisch sind zum Vorgängermodell, wird einem der Hersteller auf Nachfrage in aller Regel beantworten. Auch erfahrene Modellbauer in den Vereinen wissen häufig sehr gut, was passt und was nicht.

Der Motor des gebrauchten Modells

In den Motor hineinzuschauen ist vor dem Kauf in der Regel unmöglich, außer vielleicht durch die Glüherzen- oder Luftöffnung am Vergaser, doch dort sieht man nur sehr wenig.

Wichtig ist zunächst der optische Eindruck des Motors. Es sollte kein Öl auf der Oberfläche eingebrannt sein und er sollte keine sichtbaren Beschädigungen (Beulen, tiefe Riefen usw.) aufweisen. Wenn der bunt eloxierte Kühlkopf den einen oder anderen Kratzer hat, ist das absolut ungefährlich: Die Farbschichten sind sehr dünn und relativ kratzempfindlich, sodass ein einziger Überschlag des Modells beim Fahren ohne Karosserie schon hässliche Spuren hinterlassen kann.

Wichtig ist auch, dass der Motor stets mit einem Luftfilter betrieben wurde: Wenn das Modell ohne Luftfilter präsentiert wird, weil er angeblich gerade irgendwie unauffindbar ist, darf man als Käufer schon skeptisch sein. Wenn hingegen neben dem Luftfilter sogar ein Kraftstofffilter montiert ist und der Zustand der Teile zum Gesamtzustand des Modells passt, lauert hier kein Ungemach. Der Luftfilter sollte möglichst sauber sein, häufig kann man den Filtereinsatz auch herausnehmen, um die zweite Filterlage oder die Unterseite des Filtereinsatzes anzuschauen. Dies alles darf höchstens mittelmäßig verschmutzt sein, beim Reiben am Luftfiltereinsatz sollten die Finger nicht sofort schwarz werden. Erlaubt ist hingegen ein leicht öliges Gefühl, wenn der Luftfiltereinsatz mit Luftfilteröl benetzt wurde.

Alle Schraubenköpfe am Motor sollten in einwandfreiem Zustand sein. Insbesondere Inbusschrauben verschleißen sehr schnell, wenn sie mit einem abgenutzten Schlüssel hinein- oder herausgedreht wurden. Wenn der Schlüssel im Schraubenkopf durchdreht, wird der Innensechskant beschädigt, sodass sich die Schraube womöglich nicht mehr lösen lässt. Überprüfen können Sie das, indem Sie sich die Schrauben zunächst genau anschauen: Ist der Innensechskant noch genauso schwarz wie der Rest des Schraubenkopfes, dann ist die Schraube sehr wahrscheinlich in Ordnung. Sieht man am Innensechskant jedoch stellenweise blankes Metall, kann dies das Ergebnis eines erfolglosen Löseversuchs sein. Im Zweifel prüfen Sie einfach nach, ob sich die Schraube lösen lässt, der Motor nimmt dabei keinen Schaden, solange man das richtige Werkzeug benutzt. Insbesondere die Zylinderkopfschrauben müssen sich problemlos lösen lassen, um bei Bedarf eine verschlissene Laufgarnitur auswechseln zu können.

Betätigen Sie die Einstellschrauben und das Vergaserküken: Alles sollte sich leicht bewegen lassen, nichts darf ruckeln oder übermäßig schwergängig sein. Auch die Glühkerze sollte sich mit einem Glühkerzenschlüssel leicht herausdrehen und anschließend wieder festschrauben lassen.

Wenn der Motor einen Anreißstarter hat, ziehen Sie vorsichtig am Starter. Es sollten keine metallischen Geräusche hörbar sein, der

Motor sollte nicht klemmen. Jetzt kann man auch die Kompression des Motors prüfen: Ziehen Sie den Anreißstarter gegen den sich aufbauenden Widerstand langsam heraus (maximal ca. 10 cm). Der Kolben fährt dabei in der Laufbuchse aufwärts und verdichtet die Luft. Wenn Sie den Widerstand deutlich spüren, verharren Sie einige Sekunden in dieser Lage. Ziehen Sie den Starter jetzt vorsichtig weiter heraus, sollte noch ein Widerstand zu spüren sein. Dies ist ein Zeichen dafür, dass im Innern des Motors noch kein übermäßiger Verschleiß stattgefunden hat: Der Kolben bewegt sich dicht in der Laufbuchse, sodass das Kraftstoff-Luft-Gemisch im Brennraum korrekt verdichtet werden kann und der Motor seine Leistungsfähigkeit voll entwickelt.

Ist der Widerstand beim Ziehen am Anreißstarter kaum noch spürbar, ist der Brennraum nicht mehr sauber abgedichtet. Dies kann an einer nicht festgeschraubten Glühkerze liegen, es kann jedoch auch sein, dass der Kolben oder die Laufbuchse verschlissen sind und ausgewechselt werden müssen, damit der Motor seine volle Leistung entfalten kann. In diesem Fall empfiehlt es sich nicht, diesen Motor zu erwerben, da sich die Reparaturkosten kaum abschätzen lassen.

Sollte der angebotene Motor keinen Anreißstarter haben, kann man diese Test auch durchführen, indem man die Schwungscheibe des Motors mit den Fingern dreht. Dass bei diesen Versuchen keinesfalls die Glühkerze geheizt werden darf, sollte selbstverständlich sein.

Etwas aufwendiger, aber nicht zwingend notwendig ist die Untersuchung der Kupplung. Meist muss zunächst entweder der Motor oder das Hauptzahnrad ausgebaut werden, um die Kupplungsglocke demontieren zu können. Das allerdings nur, wenn es sich um ein Modell handelt, das schon länger in Gebrauch ist. Junge Modelle, die auch sonst in einem guten, unverschlissenen Zustand sind, haben normalerweise hier keine Probleme. Handelt es sich jedoch um ein älteres Modell, kann beim Blick ins Innere der Fliehkraftkupplung festgestellt werden, ob in Kürze neue Kupplungsbacken oder eine neue Kupplungsglocke fällig wird: Starke Abplattungen an den Kupplungsbacken und tiefe Riefen im Innern der Kupplungsglocke deuten auf einen fortgeschrittenen Verschleiß hin. Je nach Kupplung und je nachdem, ob es sich um eine Kupplungsglocke mit einem oder zwei Ritzeln handelt, können zwischen 10 und 30 Euro für die Renovierung fällig werden.

Sind alle beschriebenen Punkte untersucht und für gut befunden worden, kann auch der Rest des Modells auf Herz und Nieren überprüft werden.

Der Antrieb und die Aufhängung

Den allgemeinen Verschleißzustand kann man an wenigen Merkmalen feststellen: Sind die Reifen stark abgefahren? Ist das Modell schmuddelig, insbesondere an schwer zugänglichen Stellen? Und wie sieht die Chassisunterseite aus? Handelt es sich um ein Chassis, das auf der Unterseite keine gesenkten Löcher für die Schrauben hat, müssen die Schraubenköpfe auf ihren Zustand untersucht werden. Alle Schrauben müssen sich lösen lassen, das heißt, ein Schraubendreher muss sicher in den Schraubenköpfen fixiert werden können. Beim Drehen an den Rädern merkt man schnell, ob die Differenziale leicht laufen oder haken oder Kugellager defekt sind: Dann nämlich hakt der Antriebsstrang oder es gibt Widerstände beim Drehen der Räder.

Hat das Modell keine Kugellager, sondern Lagerbuchsen aus Metall oder Kunststoff, kann man deren Verschleiß anhand zweier Kriterien beurteilen: Zunächst prüft man die Leichtgängigkeit, das heißt, wie leicht läuft die Welle oder der Antrieb. Zum anderen lässt sich durch Wackeln an den Rädern feststellen, wie weit die Achsen sich in den Lagerbuchsen bewegen können, ohne dass der Rest der Aufhängung bewegt wird. Dieses Lagerspiel soll so gering wie möglich sein.

Bei Modellen mit ölgefüllten Differenzialen (das Öl dient dazu, das Differenzial leicht zu sperren), darf kein Öl aus dem Differenzialgehäuse austreten. Auch die Stoßdämpfer sollten natürlich öldicht sein. Man erkennt dies am besten daran, dass sie leise laufen und nicht solche Geräusche machen, als würde man Spucke durch die Schneidezähne drücken. Intakte, das heißt dichte Stoßdämpfer sind darüber hinaus sehr sauber, da kein Schmutz an austretendem Öl haften kann.

Hier tritt Öl aus dem Differenzial aus: Gut erkennbar ist es auf dem Zahnriemen, wo es eigentlich nicht hingehört.

Im nächsten Schritt wird der Antriebsstrang untersucht. Bei Modellen mit Zahnriemen sollen die Riemen nicht ausgefranst sein und keine Knickstellen aufweisen. Ob der Zahnriemen übermäßig stark ausgeleiert ist, stellt man durch Betrachten des Riemenspanners fest: Ist er bereits sehr weit vorgespannt, ist der Zahnriemen schon weit gedehnt und ein Austausch wird bald nötig sein. Wenn es keinen Riemenspanner gibt, darf der Riemen entsprechend nicht zu lose sein oder beim Drehen an den Riemenrädern überspringen. Zur Beurteilung des gesamten Spiels im Antriebsstrang hält man das Modell fest, sodass sich die Räder nicht drehen können. Jetzt dreht man das Hauptzahnrad von Hand in eine Richtung, bis die Räder anfangen durchzudrehen. Merken Sie sich diesen Punkt und drehen Sie das Hauptzahnrad in die andere Richtung, bis die Räder ebenfalls gerade anfangen durchzudrehen. Bei neuen Modellen liegt zwischen diesen beiden Druchdrehpunkten etwa eine viertel Umdrehung des Hauptzahnrades. Beim gebrauchten Modell sollte sich das Hauptzahnrad höchstens wenig mehr als eine halbe Umdrehung frei hin- und herdrehen lassen, wenn man sichergehen möchte, dass der Antriebsstrang noch nicht zu stark verschlissen ist.

Der Pfeil deutet auf die Stellen, an denen oft die Ursache für zu viel Spiel im Antriebsstrang und eine hakelnde Lenkung zu finden ist.

Etwas problematisch ist dieser Test bei Modellen mit einem Zweiganggetriebe, weil der Freilauf nur eine Kraftübertragung in eine Richtung erlaubt. Hier sollte statt des Hauptzahnrads der Zahnriemen oder die Welle gedreht werden, die die Kraft von der Vorderach-

Wenn es beim Test zu sehr wackelt, ist die Aufhängung ausgeschlagen.

se zum Hauptzahnrad oder zur Hinterachse überträgt, während das Modell festgehalten wird.

Schaut man sich das Ritzel auf der Kupplungsglocke an, sollte auf der Oberkante der einzelnen Zähne noch immer eine kleine, etwa 0,3–0,5 mm breite Fläche sichtbar sein. Sind die Zähne hingegen an der Spitze scharfkantig oder weisen Vertiefungen auf, ist das Ritzel schon recht weit verschlissen. Ursache dafür kann auch ein falsch eingestelltes Zahnflankenspiel sein, das heißt, der Abstand zwischen Ritzel und Hauptzahnrad war zu klein oder zu groß. In jedem Fall wird auch das Hauptzahnrad untersucht, die Symptome für fortgeschrittenen Verschleiß sind dabei die gleichen wie beim Ritzel.

Beim Blick in die radseitigen Kardangelenke oder Knochen erkennt man schließlich, ob die Aufnahmen für die Gelenkwellen schon stark ausgeschlagen sind. Auch hier sollte kein übermäßiger Verschleiß sichtbar sein.

Zu guter Letzt beurteilt man noch das Spiel in den Aufhängungsteilen: Kann man die Vorderräder weit einlenken, ohne dass das Servo sich bewegt? Dann sind die Kugelgelenke der Lenkung verschlissen. Die anderen Gelenke der Aufhängung untersucht man am besten, indem man jedes Rad einzeln vorsichtig und mit wenig Krafteinsatz in alle Richtungen bewegt. Die Räder dürfen sich dabei höchstens minimal bewegen lassen. Wenn die Aufhängung deutlich sicht- und spürbar wackelt, lässt eine Reparatur nicht lange auf sich warten.

Perfekt ist es natürlich, wenn der Verkäufer anbietet, den Motor zu starten und mit dem Modell zu fahren: Wenn die Leistungsentwicklung stimmt, der Motor im Leerlauf nicht ausgeht und bei Vollgas gleichmäßig summend läuft, ist er sehr wahrscheinlich in einem guten Zustand.

Wenn das Modell beim langsamen Gasgeben bei nicht zu hoher Motordrehzahl losfährt und dann beim abrupten Vollgasgeben zügig beschleunigt, dabei die Motordrehzahl sich proportional zur Geschwindigkeit des Modells erhöht, scheint auch die Kupplung in Ordnung zu sein. Vorsicht ist jedoch geboten, wenn sich das Modell beim Beschleunigen anfühlt wie ein richtiges Auto mit Automatikgetriebe: Erhöht sich zuerst die Motordrehzahl und beschleunigt das Fahrzeug leicht zeitversetzt, dann ist die Kupplung mit ziemlicher Sicherheit in einem fortgeschrittenen Verschleißstadium.

Sollte schließlich auch der Geradeauslauf des Modells zufrieden stellend sein und es sich in Rechts- und Linkskurven gleich verhalten, scheint auch das Fahrwerk in einem annehmbaren Zustand – dem Kauf steht dann allenfalls noch der Preis entgegen.

Lassen Sie sich am Ende der Probefahrt vom Verkäufer die genaue Sorte Kraftstoff und die verwendete Glühkerze nennen. Wenn Sie dieselben Produkte auch in Zukunft weiter verwenden, spart das einige Einstellarbeiten am Vergaser.

Und noch etwas: Wenn Sie ein Modell von einem erfahrenen Modellbauer kaufen, fragen Sie ihn, ob Sie ihn bei eventuell später auftretenden Fragen oder Problemen noch einmal ansprechen dürfen. Je nachdem, wie weit Sie ihn im Preis heruntergehandelt haben, wird seine Bereitschaft mehr oder weniger groß sein, vielleicht sogar beim Einbau der Fernsteueranlage zu helfen.

Vom Baukasten zum fertigen Modell

Vorbereitungen

Gutes Werkzeug ist die halbe Arbeit – diese alte Weisheit hat auch für den Zusammenbau von Verbrenner-RC-Cars Gültigkeit.

Der Arbeitsplatz sollte aufgeräumt und mindestens einen halben Quadratmeter groß sowie gut beleuchtet sein. Praktisch ist eine Arbeitsunterlage aus griffigem Material, um das Herunterfallen von kleinen Bauteilen und Schrauben zu verhindern. Ein sauberer Boden sorgt dafür, dass ein heruntergefallenes Teil schnell wieder gefunden werden kann. Als Werkzeug zur Montage des Fahrwerks werden in der Regel zwei Kreuzschlitzschraubendreher, ein Seitenschneider und eine Spitzzange benötigt, oft sind auch eine Pinzette und ein scharfes Bastelmesser von Vorteil. Für die Gestaltung der Karosserie sind eine stabile Schere mit geraden Schneiden und eine weitere mit gebogenen Schneiden empfehlenswert, als sehr gutes Werkzeug haben sich Nagelscheren herausgestellt. Zum Bohren der Karosserie eignet sich am besten eine Bohrmaschine, egal ob Ständerbohrmaschine, normale Handbohrmaschine oder Akkubohrmaschine. Entscheidend für saubere Bohrungen sind dagegen scharfe Bohrer. Sind sie zu stumpf, erhitzt sich der Kunststoff der Karosserie um die Bohrung und schmilzt nach innen, mit dem Erfolg, dass die Bohrung aufwendig mit scharfem Messer, Reibahle und Senker nachgearbeitet werden muss.

Wenn statt Sprühlack Lexanfarbe zum Pinseln verwendet wird, benötigt man neben den gewünschten Farbtönen einen Pinsel und ein kleines Gefäß, in dem der Pinsel ausgewaschen werden kann. Zum Abkleben der nicht zu lackierenden Flächen sind gutes Malerband und ein scharfes Bastelmesser notwendig, auch medizinische Skalpelle eignen sich hervorragend für diesen Zweck. An Chemikalien soll-

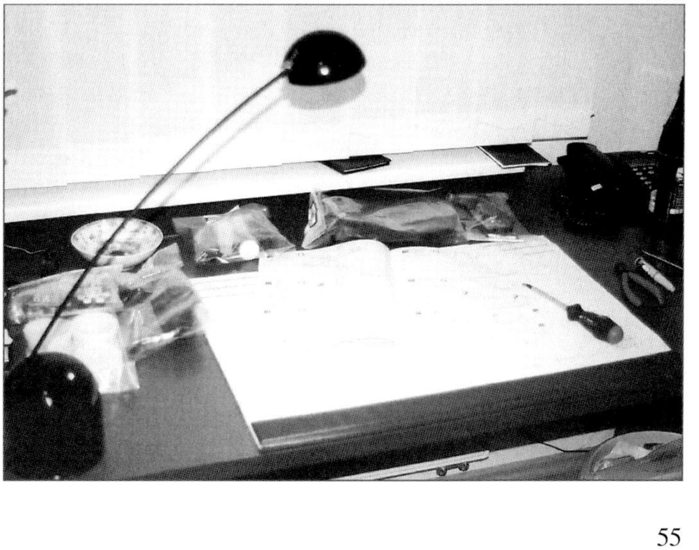

Links ein stumpfer Bohrer: Die Bohrungen in Kunststoff werden damit nicht sauber.

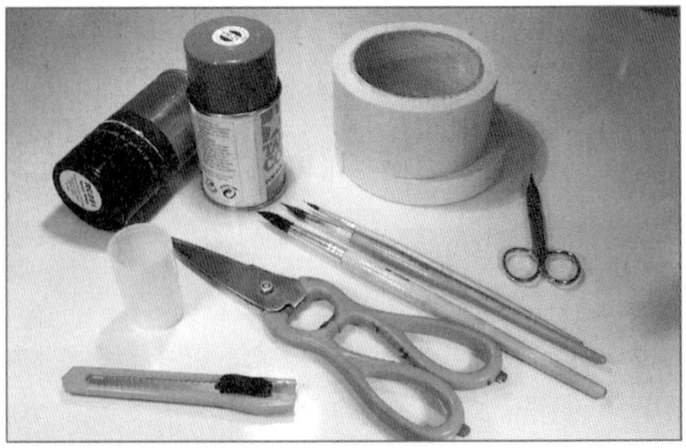

Das braucht man zum Lackieren der Karosserie.

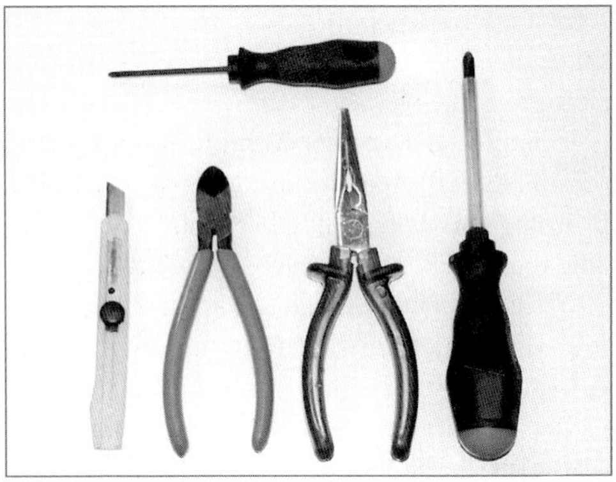

Meist werden nur die abgebildeten Werkzeuge benötigt.

Utensilien zum Vorglühen der Glühkerze.

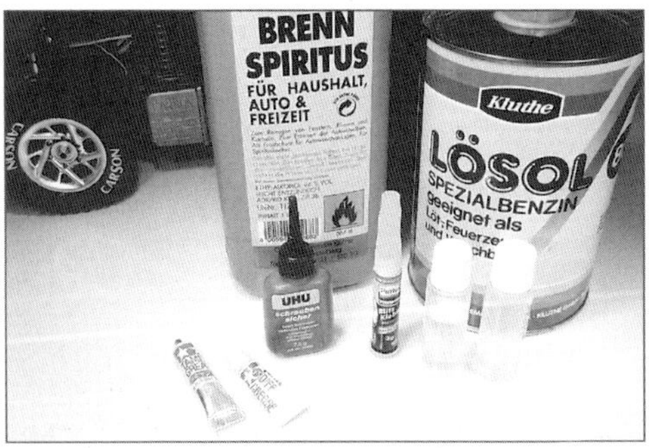

Was an Chemie benötigt wird: Lösungsmittel, Sekundenkleber, Schraubensicherungslack und Fett sowie Stoßdämpferöl.

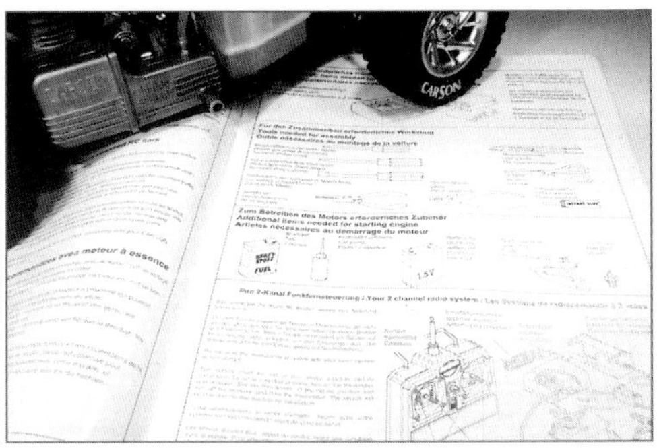

So sollte es sein: Auch bei Carson werden die erforderlichen Komponenten, Werkzeuge und Chemikalien in der Bauanleitung genannt.

ten Waschbenzin, Alkohol (Spiritus), Sekundenkleber, Fett, Stoßdämpferöl und Schraubensicherungslack vorhanden sein. Entgegen den Hinweisen in nahezu allen Bauanleitungen beschädigen Waschbenzin und Alkohol die Karosserie nicht. Waschbenzin hat den Vorteil, dass es Lexanfarben anlöst und somit exzellent zum Reinigen versehentlich lackierter

Bauanleitungen verschiedener Hersteller.

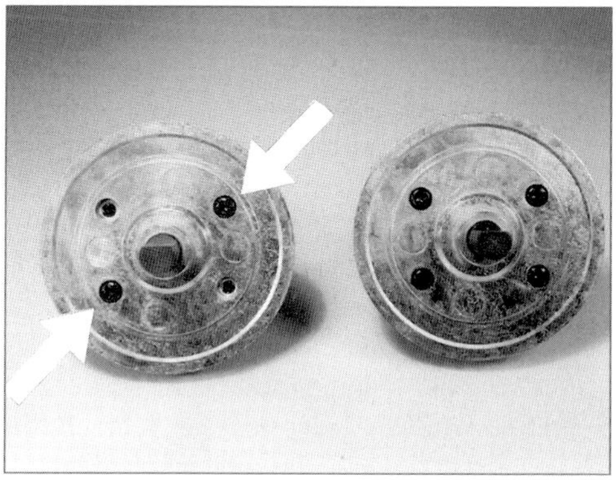

Die Pfeile deuten auf die Schrauben, die zuerst eingeschraubt werden sollten.

Flächen verwendet werden kann. Der Alkohol ist so ziemlich für alles gut, bei der Verwendung von Spiritus sollte er jedoch nicht gegen auftretenden Frust eingesetzt werden.

Ähnlich multifunktional ist der Sekundenkleber, beim Schraubesicherungslack muss man darauf achten, dass er nicht mit Kunststoff in Verbindung gebracht wird, da sich die meisten Kunststoffe schnell anlösen. Das Fett wird zum Schmieren der Zahnräder und der Lagerbuchsen benötigt, das Stoßdämpferöl ist notwendig für das Befüllen der Öldruckstoßdämpfer. Oft liegen dem Bausatz diese beiden Stoffe bei, klären Sie dies also am besten gleich beim Kauf mit Ihrem Fachhändler. Welche Teile für das ausgesuchte Modell noch notwendig sind, sollte ein guter Fachhändler wissen. Einige Hersteller bilden in der Bauanleitung alle notwendigen Teile zur Komplettierung des Modells ab, so zum Beispiel Kyosho und HPI.

Ebenfalls gleich zu Beginn des Zusammenbaus sollten ein Akku zum Vorglühen der Glühkerze, ein Glühkerzenstecker, eine Tankflasche und Kraftstoff vorhanden sein, da ein Modell meistens immer dann fertig wird, wenn Modellbauläden geschlossen haben, und ich niemanden kenne, der sich nicht ärgert, wenn das brandneue Modell nicht gleich nach dem Zusammenbau eingefahren werden kann.

Der Zusammenbau

Allgemeine Hinweise

Wer zuvor noch kein RC-Car montiert hat, sollte sich zunächst in aller Ruhe die Bauanleitung durchlesen und dabei die in den jeweiligen Bauschritten verwendeten Teile schon einmal heraussuchen, ohne die Beutel zu öffnen, um einen Eindruck davon zu bekommen, wie die Teile aussehen und wo sie zu finden sind.

Auch beim Zusammenbau von vormontierten Modellen gibt es ein paar Punkte zu beachten, die kontrolliert werden sollten. Darauf wird weiter unten eingegangen. Leider gibt es relativ wenige Modelle, bei denen die Einzelteile nach Baustufen sortiert abgepackt sind, wie zum Beispiel beim HPI Nitro RS-4 Rallye. Hier fordert die Bauanleitung jeweils nach etwa zwei bis drei Baustufen zum Öffnen eines neu-

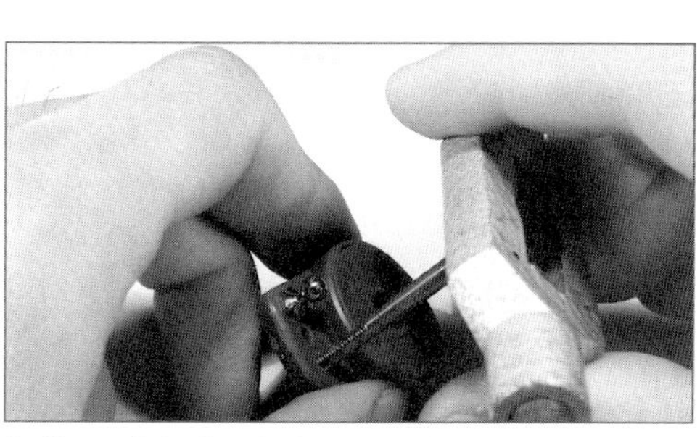

Sollten sich Gewindeschrauben nicht in ein Kunststoffteil eindrehen lassen, wird die Bohrung mit einem Gewindeschneider bearbeitet.

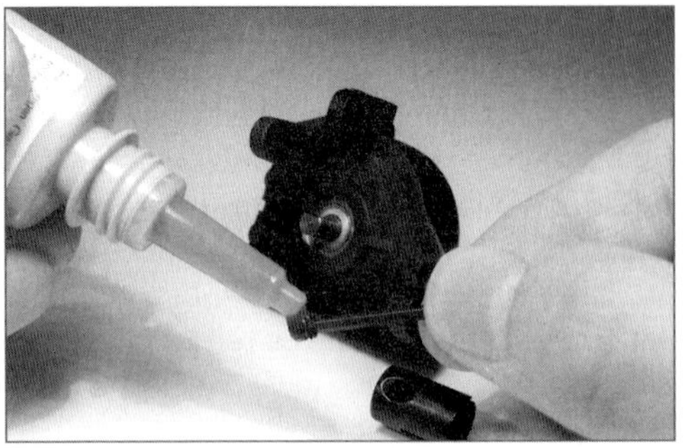

Die Verwendung von Schraubensicherungslack.

Im Innern des gekapselten Getriebegehäuses darf großzügig mit Fett umgegangen werden.

Eine Alternative zum Schraubensicherungslack ist das Kontern zweier Muttern: Die untere Mutter wird festgehalten (hier mit einem Seitenschneider), die obere dagegen verschraubt.

en Tütchens auf. Der Vorteil dieser Verpackungsweise ist, dass immer nur wenige Teile lose auf dem Arbeitsplatz liegen und der Zusammenbau somit sehr übersichtlich bleibt. Wo das nicht gegeben ist, empfiehlt es sich, mehrere flache Gefäße, beispielsweise Untertassen oder Müslischalen, bereitzustellen, in die man dann der Inhalt der einzelnen benötigten Tüten schüttet.

Beim Komplettieren von vormontierten Modellen verschließt man gleich zu Beginn des Zusammenbaus alle Öffnungen des Motors mit etwas Küchenpapier, damit kein Schmutz ins Innere gelangen kann. Jetzt wird es ernst. Bei der Montage sollte man sich Zeit lassen und jeden Bauschritt konzentriert angehen. Eine gute Bauanleitung zeichnet sich dadurch aus, dass jeder Bauschritt mit Zeichnungen oder Fotos dargestellt wird und neben jedem Bauschritt die benötigten Teile oder Tütchen benannt und vielleicht sogar abgebildet sind.

Baugruppen, die mit mehreren Schrauben miteinander verbunden werden, wie zum Beispiel das Differenzial oder der Zylinderkopf des Motors, werden stets über Kreuz verschraubt: Nach dem Eindrehen der ersten Schraube wird als Nächstes die Schraube in die gegenüberliegende Bohrung geschraubt, um eine gleichmäßige Befestigung und bei drehenden Teilen einen guten Rundlauf zu erreichen. Beim Eindrehen von selbstschneidenden Schrauben darf man nicht zu viel Kraft aufwenden, denn nach fest kommt locker, das heißt, die Bohrung im Kunststoff ist unbrauchbar. Sollte sich eine Schraube nicht in den Kunststoff eindrehen lassen, bearbeitet man die Bohrung mit einem Gewindebohrer. In Metall eingedrehte Schrauben sichert man auf jeden Fall mit Schraubensicherungslack, damit sie sich nicht durch die Vibrationen lösen. Dies empfiehlt sich auch bei vormontierten Modellen, insbesondere bei den Motorbefestigungsschrauben. Lösen Sie dazu die erste Schraube, benetzen sie mit Schraubensicherungslack und drehen sie wieder in das Gewinde. Fahren Sie mit den übrigen Schrauben in gleicher Weise fort. Durch diese Vorgehensweise erreicht man, dass die Einstellung des Zahnflankenspiels nicht verändert wird. Beim Zusammenbau des Getriebes ist darauf zu achten, dass sich alle Teile leicht drehen lassen, was man am besten nach jedem Bauschritt prüft, um etwaige Fehler sofort korrigieren zu können. Sehr wichtig ist auch das Fetten, insbesondere des Differenzials. Da diese Baugruppe meist gekapselt ist, sollten die Kegel- oder Planetenräder großzügig gefettet werden. Wer eine leichte Sperrwirkung des Differenzials wünscht, weil er dies beispielsweise in einem Testbericht als empfohlene Maßnahme gelesen hat, erreicht dies durch Befüllen des Differenzials mit Stoßdämpferöl. Je dickflüssiger das Öl ist, desto stärker ist die Sperrwirkung. Beim Fetten der übrigen Zahnräder des Getriebes ist darauf zu achten, dass nur die diejenigen gefettet werden, die innerhalb eines Getriebegehäuses eingebaut sind. Fett auf dem Hauptzahnrad hätte nur sehr kurzfristig Vorteile, da sich sofort Staub und Schmutz auf dem Fett ablagern würde, was dann wie Schmirgelpapier wirkt und die Zahnräder zerstört. Ebenfalls tabu sind die Fliehkraftkupplung und die Bremse. Zwar entstehen wahrscheinlich interessante Gerüche, wenn das Fett in der Fliehkraftkupplung verbrennt, der Vortrieb ist allerdings nicht so bahnbrechend. Gefährlich ist Fett auf der Bremse, die Wirkung ist ungefähr die gleiche, als würde man die Bremse beim Pkw oder am Fahrrad fetten: Verzögerung gleich null, dafür quietscht es aber auch nicht.

Lenkung und Stoßdämpfer

Bei der Montage der Lenkung sollte von Anfang an darauf geachtet werden, dass Sturz und Vorspur ungefähr neutral sind, um später die Einstellarbeiten auf ein Minimum reduzieren. Viele Hersteller geben in den Bauanleitungen bereits die Längen für die Spurstangen an, um eine nahezu richtige Achsgeometrie zu erhalten. Auch bei der Lenkung ist darauf zu achten, dass alle Teile leichtgängig sind. Dies wird am besten dadurch geprüft, indem man jedes Teil, bevor es durch Anlenkungen mit einem anderen verbunden wird, von Hand bewegt. Sollte ein Teil mal nicht so leicht gehen, wie es eigentlich sollte, kann dies mehrere Ursachen haben, zum Beispiel:

- Bei Spritzgussteilen können Spritznasen schuld sein. Mit einem scharfen Messer sollten die Kanten oder Nippel abgeschnitten werden.
- Die Lagerung der Lenkhebel auf den Lenkhebelbolzen ist eventuell zu straff. Ideal ist der Einbau von Kugellagern, Abhilfe schafft aber auch das Aufbohren (besser: Reiben) der Lagerbuchse.
- Die Kugelpfannen sitzen sehr stramm auf den Kugelköpfen. Prüfen Sie, ob die richtigen Kugeln und Kugelpfannen verbaut wurden. Ein Tropfen Stoßdämpferöl sorgt ansonsten für leichteren Lauf. Das überschüssige Öl sollte gleich nach dem Aufklipsen der Kugelpfannen abgewischt werden.

Hier ist etwas viel Vorspur zu sehen: Die Spurstangen sind zu lang eingestellt.

Einige Bereiche, an denen die Ursache für Spiel in der Lenkung gefunden werden kann.

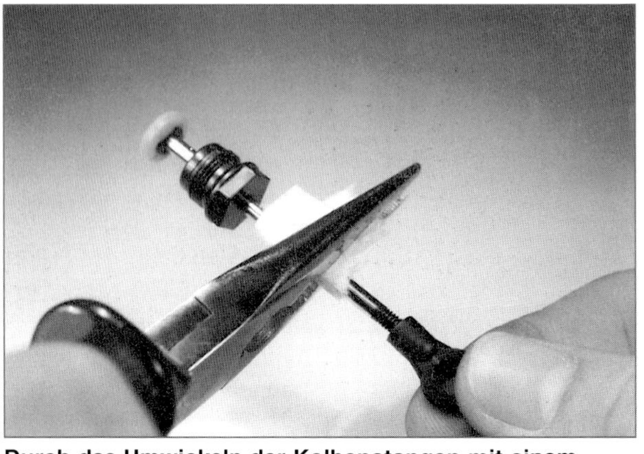

Durch das Umwickeln der Kolbenstangen mit einem Tuch werden Kratzer und Riefen vermieden.

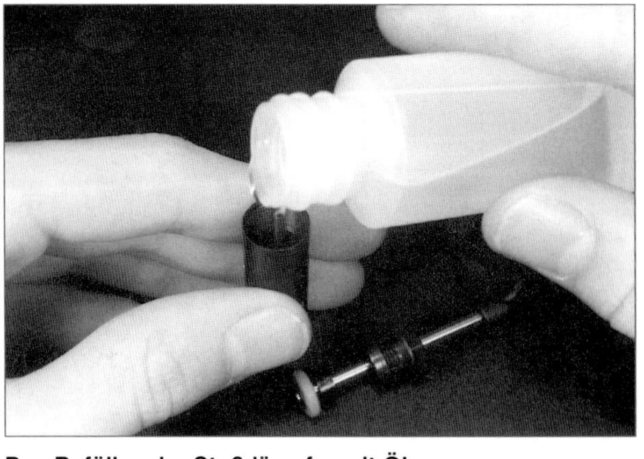

Das Befüllen der Stoßdämpfer mit Öl.

Kommt dann der Zusammenbau der Stoßdämpfer an die Reihe, muss hier noch genauer gearbeitet werden: Es dürfen keine Spritznippel an den Kolbenplatten verbleiben. Liegen dem Bausatz unterschiedliche Kolbenplatten bei, ist darauf zu achten, dass an einer Achse der gleiche Typ verwendet wird. Wichtig beim Aufschrauben der Kugelpfannen auf die Kolbenstangen ist das sorgfältige Umwickeln mit einem Lappen, um beim Halten mit einer Zange die glatte Oberfläche nicht zu beschädigen. Beim Befüllen kommt es darauf an, dass vor dem Verschließen der Stoßdämpfer keine Luftblasen mehr im Öl sind, damit die Stoßdämpfer später optimal funktionieren. Auch sollte aus keinem der Verschlüsse Öl nach außen dringen. Dass ausreichend viel Öl eingefüllt wurde, erkennt man daran, dass der Stoßdämpfer geräuschfrei arbeitet.

Motor und Schalldämpfer

Die Montage des Herzstücks des Modells, des Verbrennungsmotors, ist in den meisten Fällen ziemlich problemlos. Sehr wichtig ist die Einstellung des richtigen Zahnflankenspiels zwischen Hauptzahnrad und Ritzel auf der Kupplungsglocke. Die optimale Einstellung ist gefunden, wenn sich ein etwa 5 mm breiter Streifen Schreibmaschinenpapier zwischen Ritzel und Hauptzahnrad durchziehen lässt, ohne zu reißen. Dabei soll der Streifen nach dem Hindurchziehen deutlich gezackt sein. Auch bei vormontierten Modellen, bei denen der Motor bereits in das Chassis eingebaut ist, ist es notwendig, das Zahnflankenspiel zu überprüfen und gegebenenfalls zu korrigieren. Beim Einbau des Motors ist die Richtung, in der die Kühlrippen des Zylinderkopfs verlaufen, zu beachten: Um die bestmögliche Kühlung zu erreichen, müssen die Kühlrippen längs zur Fahrtrichtung verlaufen, damit der Fahrtwind eine möglichst große Oberfläche umströmt. Falls die Kühlrippen quer zur Fahrtrichtung stehen, löst man die Zylinderkopfschrauben und probiert, ob sich der Zylinderkopf um 90° verdreht wieder montieren lässt. Bei einer Befestigung mit vier Schrauben ist dies normalerweise problemlos möglich.

Bei der Ausrichtung des Endrohrs ist darauf zu achten, dass es möglichst weit weg vom Fahrzeug zeigt, damit so wenig ölhaltiges Abgas in das Fahrzeug gelangen kann wie möglich. Zu diesem Zweck lässt sich bei nahezu allen Schalldämpfern das Endrohr in eine beliebige Richtung drehen. An Expansionsschalldämpfern löst man dazu die Schraube, die auf einer der Stirnseiten zu erkennen ist, dreht das Endrohr in die gewünschte Richtung und zieht die Schraube wieder fest.

Ist das Modell mit einem Resonanzrohr ausgestattet, empfiehlt es sich, den Verbindungsschlauch zwischen Krümmer und Resonanzrohr zunächst nicht mit Kabelbindern zusätzlich zu fixieren, falls er auch so einigermaßen straff sitzt. Dies erleichtert später die Einstellung des Resonanzrohrs, denn dazu muss unter Umständen der Schlauch gekürzt werden.

Auch sind Schläuche sinnvoll, die auf das Endrohr aufgesteckt werden. Sie dürfen jedoch nicht zu lang sein und müssen einen möglichst großen Querschnitt aufweisen, um den Druck im Schalldämpfer nicht weiter zu erhöhen und damit eventuell die Laufeigenschaften des Motors negativ zu beeinflussen. Der Schlauch sollte aus dem Fahrzeug herausgeführt werden, wie es beispielsweise beim GM-Racing TC-4 2 WD gelöst ist. Zwar verschmutzt auch bei diesem Modell die innere Rückwand der Karosserie ziemlich stark, durch Abwischen mit einem alkoholgetränkten Lappen ist eine Reinigung

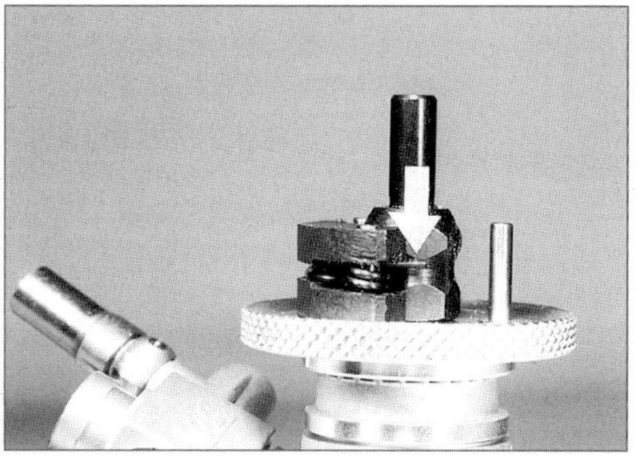

Bei der Montage der Torsionsfedern in der Kupplung muss darauf geachtet werden, dass die Federn korrekt eingebaut sind (Pfeil).

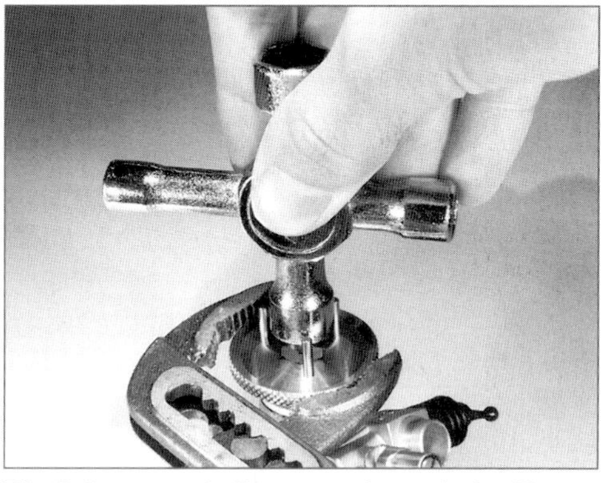

Die Schwungscheibe muss fest mit der Kurbelwelle verschraubt werden, damit sie sich im Betrieb nicht löst. Aber bitte keine Gewalt anwenden!

leicht möglich. Besonders gut gelungen sind die Auspuffkonstruktionen des Tamiya TG-10 MK1 und des Kyosho Pure Ten Alpha Mercedes: Hier werden die Abgase über einen Schlauch durch das Chassis geleitet, sodass nur noch die Unterseite des Chassis verschmutzt.

Bei Modellen mit Resonanzrohr, deren Endrohr meist hinter der Vorderachse angeordnet ist, kann dazu in vielen Fällen ein kleiner Ausschnitt in der Karosserie dafür sorgen, dass die Abgase und das Öl vom Fahrzeug weg geblasen werden. Bei dieser Anordnung ist zwar die Karosserie vom Auspuff ausgehend stark ver-

Ist das Papier nach dem Hindurchziehen gezackt und lässt sich die Kupplungsglocke leicht drehen, ist das Zahnflankenspiel korrekt eingestellt.

Auspuffsuchbild: Das Endrohr wird hinter dem Vorderrad aus der Karosserie herausgeführt (Pfeil).

So besser nicht ...

... bei einigen Modellen kann die Motorlage auch längs variiert werden: Achten Sie auf eine korrekte Positionierung.

schmiert und auch das Hinterrad bekommt etwas ab, das Chassis und die Komponenten der Fernsteuerung bleiben jedoch sauber.

RC-Einbau

Bei der Bestückung der Radioplatte, also der Platte, die Servos, Akkupack, Empfänger und Ein-Aus-Schalter aufnimmt, ist großer Wert auf hohe Zuverlässigkeit zu legen. Die Servos müssen richtig festgeschraubt sein, ideal ist dabei die Verwendung von Unterlegscheiben. Ebenso ist der Empfänger sicher zu befestigen, am besten zweifach, also mit doppelseitigem Klebeband und Kabelbinder. Der Quarz wird gegen Herausfallen gesichert, zum Beispiel mithilfe von Gewebeklebeband. Wer ältere Servos verwendet, sollte kritisch prüfen, ob die Steckverbindungen zum Empfänger sicher Kontakt haben und ob das Servo noch richtig funktioniert.

Der Empfängerakku muss ebenfalls sicher befestigt werden, um Funktionsstörungen zu vermeiden. Sollte die Bauanleitung die Montage mit einem Kabelbinder vorsehen, wird dieser zwar fest, nicht jedoch mit Gewalt verzurrt, um Beschädigungen zu vermeiden – das Gleiche gilt natürlich auch für die Befestigung des Empfängers.

Beim Verlegen der Servo- und Stromversorgungskabel muss darauf geachtet werden, dass die Kabel nicht lose herumliegen, sondern sicher fixiert sind. Dabei darf kein Kabel be-

Auch bei Offroadfahrzeugen ist es sinnvoll, das ölhaltige Abgas mit einem Schlauch vom Modell wegzuführen.

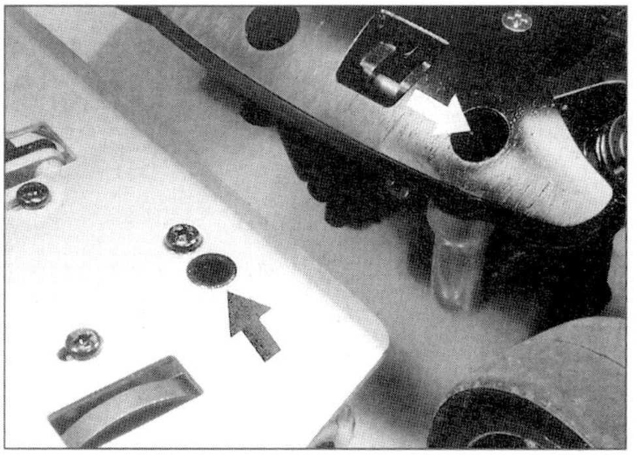

Von unten betrachtet: Die Pfeile deuten auf die Auslassöffnungen des Kyosho CLK (helles Chassis) und des Tamiya Ferrari (dunkles Chassis).

Die Auspuffkonstruktionen des Kyosho CLK (links) und des Tamiya Ferrari (rechts).

So besser nicht: Die Servos müssen richtig festgeschraubt sein, am besten mit vier Schrauben.

wegliche Teile berühren, wie beispielsweise den Zahnriemen, denn durch die Reibung könnte die Isolierung oder sogar das gesamte Kabel beschädigt werden, sodass eine sichere Funktion der Elektronik nicht mehr gewährleistet ist.

Gestänge einstellen

Die Einstellung der Gestänge für die Anlenkung des Vergasers, der Bremse und der Lenkung ist mitunter etwas mühsam und langwierig, da sie nicht bei allen Modellen optimal gebogen sind.

Das Lenkungsgestänge macht dabei noch am wenigsten Probleme, es kommt hier darauf an, dass das Servo in Mittelstellung gebracht wurde und dass das Gestänge so justiert wird,

Der Quarz ist mit Gewebeklebeband gegen Herausfallen gesichert, Empfänger und Akku wurden mit doppelseitigem Klebeband und Kabelbinder fixiert. Alle Kabel sind zusammengebunden, damit sie sich nirgends verhaken und abreißen können.

Das Gasgestänge muss beim Schiebevergaser in der direkten Verlängerung des Vergaserkükens laufen. Hier ist zu sehen, wie es nicht sein sollte ...

... und hier, wie das Gestänge korrekt verläuft, nachdem der Vergaser etwas gedreht wurde.

Ebenenversatz beim Schiebevergaser: Durch den Z-Knick (Pfeil) wird das Vergaserküken genau axial bewegt und verkantet nicht.

dass die Vorspur neutral beziehungsweise an beiden Rädern gleich ist. Dabei gilt: Je weiter außen das Gestänge am Ruderhorn des Servos eingehängt wird, desto größer ist der Lenkausschlag, je weiter außen die Spurstangen an den Achsschenkeln eingehängt werden, desto kleiner wird der Lenkausschlag.

Bevor man mit der Einstellung der Vergaseranlenkung beginnt, träufelt man ein bis zwei Tropfen Modellkraftstoff in die Luftöffnung. Dies verringert die Gefahr von Beschädigungen, wenn der Vergaser vom Hersteller nicht geölt wurde, denn beim Einstellen der Anlenkung wird der Vergaser einige Male geöffnet und geschlossen, das Öl im Kraftstoff schmiert dabei das Küken im Gehäuse.

Die Besonderheit beim Gas-Brems-Gestänge liegt darin, dass es so eingestellt werden muss, dass ein einziges Servo die Bremse betätigen kann, ohne dass der Motor dabei ausgeht, und gleichzeitig die Vergaserdrossel derart anlenkt, dass beim Gasgeben die Bremse gelöst wird. Die ganze Konstruktion muss dabei sehr leichtgängig sein, um eine zuverlässige Funktion zu gewährleisten. (Auch bei vormontierten Modellen muss das Gas-Brems-Gestänge meist noch eingebaut und justiert werden. Eine Ausnahme sind Modelle, die bereits fertig aufgebaut und mit Fernsteuerung angeboten werden.) In der Praxis wird deshalb in den meisten Fällen beim Gasgestänge mit einer Feder gearbeitet, die es dem Servo ermöglicht weiterzudrehen, auch wenn das Vergaserküken bereits in die Leerlaufstellung erreicht hat und sich nicht weiter in diese Richtung bewegen lässt. Je nach Hersteller ist das Bremsgestänge auch mit einer Feder oder einem Stück Silikonschlauch bestückt, einige Firmen verzichten ganz auf einen Puffer bei der Bremsanlenkung.

Achtung: Unbedingt Schraubensicherungslack auf die Madenschrauben für die Stellringe träufeln, sie dürfen sich auf keinen Fall unbeabsichtigt lösen!

Zunächst sollte man nur das Gasgestänge einstellen. Die Anlenkung für die Bremse hängen Sie zu diesem Zweck am besten aus.

Schalten Sie die Fernsteuerung ein. Das Gasservo sollte sich ohne Ruderhorn optimal steuern lassen. Hat der Motor einen Dreh- oder Drehschiebevergaser, setzen Sie das Ruderhorn nun so auf das Servo, dass der Hebel für das Gasgestänge möglichst parallel zur gedachten Linie durch das Vergaserküken steht. Bei Schiebevergasern sollte der genannte Hebel auf einer Ebene mit dem Anlenkpunkt am Vergaser liegen und die gedachte Linie durch die Mitte des Vergaserkükens auch durch das Loch gehen, in dem das Gestänge am Servoarm eingehängt wird.

Korrekte Leerlaufeinstellung: Der dunkle Pfeil deutet auf den etwa 1 mm breiten Spalt am Vergaserküken. Mithilfe der Leerlaufschraube (heller Pfeil) kann die Größe des Spaltes verändert werden.

Bei Vollgas muss der Vergaser ganz geöffnet sein (Pfeil), ohne dass das Servo weiter zieht, das heißt, den Vergaser weiter zu öffnen versucht.

Wenn die Position des Servos eine Montage auf einer Ebene nicht zulässt, muss das Gestänge bei Verwendung eines Schiebevergasers derart verbogen werden, dass es den Höhenunterschied ausgleicht. Diese Verbiegung kann auch bei der Verwendung eines Drehvergasers notwendig werden, falls der Anlenkhebel am Vergaser bei Vollgas oder im Leerlauf nahezu waagerecht steht. Bei den meisten Vergasern lässt sich die Stellung dieses Hebels aber so verändern, dass er nicht in der Waagerechten liegt. Bei ausgeschalteter Empfangsanlage sollte es nun möglich sein, das Gasservo mit geringer Kraft zu drehen, dabei vergrößert oder verkleinert sich die Luftöffnung, was man beim Blick von oben in den Vergaser beobachten kann. Drehen Sie das Servo jetzt so weit, bis der Vergaser sich nicht weiter schließen lässt. Die Öffnung im Vergaser sollte etwa 1 mm breit sein. Ist dies nicht der Fall, kann man die Spaltbreite mithilfe der Standgasschraube vergrößern oder verkleinern. Meist vergrößert das Hineindrehen die Spaltbreite, Herausdrehen verringert die Spaltbreite und damit die Leerlaufdrehzahl.

Klebt man ein Stück Kunststoff, zum Beispiel von einem Spritzling, unter den Pistolenabzug, kann der Servoweg verkleinert werden.

Im Leerlauf muss der Bremshebel frei beweglich sein, der Schlauch darf nicht gedrückt sein (Pfeil).

Schalten Sie jetzt die Empfängerstromversorgung wieder ein und betätigen den Gasknüppel oder den Abzug, wenn Sie einen Pistolensender benutzen. Ist der Knüppel in Neutralstellung, sollte nur der etwa 1 mm breite Spalt beim Blick in den Vergaser sichtbar sein. Drücken Sie nun den Gasknüppel ganz nach vorn oder ziehen den Abzug am Pistolensender ganz durch, das Servo fährt jetzt in Vollgasposition und sollte am Ende den Vergaser ganz öffnen.

Ziehen Sie dann den Hebel an Ihrem Knüppelsender ganz nach hinten. Das Servo sollte sich bis in die Endstellung drehen und dabei die Feder auf dem Gestänge zusammendrücken. Lassen Sie den Hebel wieder los, das Servo fährt zurück in die Neutralposition, dabei darf sich Spaltbreite für den Lufteinlass nicht verändern.

Geben Sie nun langsam Gas, so muss sich die Öffnung beim Blick in den Vergaser proportional zur Knüppelstellung vergrößern und beim langsamen Zurückbewegen des Knüppels in Neutralposition ebenso gleichmäßig in die Leerlaufstellung zurückfahren. Achten Sie dabei besonders auf das Verhalten im Bereich zwischen Leerlauf und Halbgas.

Meist ist diese Einstellung nicht auf Anhieb erreicht, dann hilft die folgende Tabelle bei der Fehlersuche.

Nun sollte die Anlenkung des Vergasers optimal funktionieren, die folgende Einstellung der Bremse erfolgt am Beispiel eines Kyosho-Modells mit quer eingebautem Motor. Diese Motorposition findet sich bei recht vielen Modellen. Beim Vergaser handelt es sich hier um einen Drehvergaser. In Neutralstellung müssen sich die Räder frei bewegen lassen, die Bremse darf nicht schleifen. Beim Ziehen des Gasknüppels muss die Bremse proportional ansprechen, kurz vor Erreichen der Endstellung des Knüppels sollte die maximale Bremskraft ausgeübt werden. Der Stellring, der beim Bremsen über ein Stück Silikonschlauch Kraft auf den Bremshebel ausübt, sollte also genau dann auf den Bremshebel zu drücken beginnen, wenn der Knüppel am Sender gerade etwas zurückgezogen wird. Bei Modellen, bei denen wie beispielsweise bei den Kyosho V-One S und V-One R eine kleine Feder auf dem Bremsgestänge den Bremshebel lösen soll, muss darauf geachtet werden, dass die Bremse

Einstellung des Gasgestänges

Problem	Lösungsvorschlag
In Neutralstellung zieht das Servo zu stark am Gestänge, es versucht, den Vergaser noch weiter zu schließen. Gleichzeitig öffnet der Vergaser in Vollgasstellung nicht weit genug.	Schieben Sie den Trimmhebel weiter in Richtung Vollgas oder ziehen Sie das Ruderhorn vom Servo ab und setzen es etwas verdreht wieder auf oder lösen Sie die Madenschrauben der Stellringe am Gasgestänge, schieben das Gestänge etwas in Richtung Vollgas und befestigen die Stellringe wieder.
In Neutralstellung schließt das Servo den Vergaser nicht vollständig. In Vollgasstellung versucht das Servo, den Vergaser noch weiter zu öffnen, obwohl er bereits komplett geöffnet ist.	Schieben Sie den Trimmhebel weiter in Richtung Rückwärts oder ziehen Sie das Ruderhorn vom Servo ab und setzen es etwas verdreht wieder auf oder lösen Sie die Madenschrauben der Stellringe am Gasgestänge, schieben das Gestänge etwas in Richtung Leerlauf und befestigen die Stellringe wieder.
In Neutralstellung zieht das Servo zu stark am Gestänge, es versucht, den Vergaser noch weiter zu schließen. In Vollgasstellung drückt das Servo noch weiter, obwohl der Vergaser bereits voll Vollgas zu begrenzen.	Der Servoweg ist zu lang. Um ihn zu verkürzen, bieten moderne Fernsteuerungssender mit Mikrocomputer die Möglichkeit, den Servoweg zu verkürzen und zu verlängern.Eine andere Möglichkeit, den Servoweg zu verkürzen, besteht darin, das Gasgestänge am Ruderhorn weiter innen einzuhängen und/oder am Vergaser weiter außen einzuhängen. Alternativ kann bei Pistolensendern unter den Gashebel ein Stück Kunststoff geklebt werden, um den Servoweg in Richtung Vollgas zu begrenzen.
In Neutralstellung schließt das Servo den Vergaser nicht vollständig. Bei Vollgasstellung ist der Vergaser nicht ganz geöffnet.	Der Servoweg ist zu kurz. Neben der oben genannten Programmierlösung ist es möglich, den Servoweg zu verlängern, indem man das Gasgestänge am Servo weiter außen und/oder am Vergaser weiter innen einhängt.
Die Neutralstellung stimmt. Der Vergaser wird bei Vollgas aber nicht weit genug geöffnet.	Der Servoweg ist zu kurz. Neben der oben genannten Programmierlösung ist es möglich, den Servoweg zu verlängern, indem man das Gasgestänge am Servo weiter außen und/oder am Vergaser weiter innen einhängt. Dabei kann es notwendig werden, den Neutralpunkt mit der Trimmung am Sender oder durch Verschieben der Stellringe (siehe oben) neu zu justieren.
In Neutralstellung schließt das Servo den Vergaser nicht vollständig. Die Vollgaseinstellung stimmt.	Der Servoweg ist zu kurz. Neben der oben genannten Programmierlösung ist es möglich, den Servoweg zu verlängern, indem man das Gasgestänge am Servo weiter außen und/oder am Vergaser weiter innen einhängt. Dabei kann es notwendig werden, den Neutralpunkt mit der Trimmung am Sender oder durch Verschieben der Stellringe (siehe oben) neu zu justieren.
Beim Gasgeben bewegt sich zwar das Servo, nicht jedoch das Vergaserküken. Beim Gaswegnehmen schließt der Vergaser jedoch gleichmäßig.	Bei Schiebevergasern prüfen Sie, ob die Bewegungsrichtung des Vergaserkükens exakt in der Verlängerung des Gestänges verläuft. Drehen Sie gegebenenfalls den Vergaser so, dass die Linie stimmt. Ansonsten lösen Sie den Stellring, der die Feder gegen das Lager am Ruderhorn drückt und spannen die Feder etwas stärker vor. Dabei muss wahrscheinlich die Trimmung am Sender neu justiert werden.
Beim Gasgeben öffnet der Vergaser gleichmäßig. Beim Gaswegnehmen bewegt sich das Vergaserküken zunächst nicht, sondern spricht erst später an.	Bei Schiebevergasern prüfen Sie, ob die Bewegungsrichtung des Vergaserkükens exakt in der Verlängerung des Gestänges verläuft. Drehen Sie gegebenenfalls den Vergaser so, dass die Linie stimmt. Ansonsten lösen Sie den Stellring, der die Feder gegen das Lager am Ruderhorn drückt und spannen die Feder etwas stärker.

Bei einer Vollbremsung wird der Schlauch zusammengedrückt (Pfeil) und die Verzögerung ist maximal.

bei Vollgas nicht versehentlich anspricht, wenn der zweite Stellring zu dicht am Servo montiert wurde. Normalerweise kann dieser zweite Stellring auch weggelassen werden, falls er Probleme bereitet. Da auch diese optimale Funktion nicht immer sofort erreicht wird, ist die folgende Tabelle beim Finden der richtigen Einstellung hilfreich.

Einstellung des Bremsgestänges

Problem	Lösungsvorschlag
Die Bremswirkung setzt zu spät ein, das heißt, der Knüppel ist schon sehr weit zurückgezogen, ehe die Bremse wirkt.	Schrauben Sie die Kunststoffmutter weiter auf das Gestänge oder ersetzen Sie den Silikonschlauch durch ein längeres Stück.
Bereits im Leerlauf greift die Bremse.	Schrauben Sie die Kunststoffmutter weiter heraus oder verkürzen Sie den Silikonschlauch.
Die Bremse greift im Fahrbetrieb zu abrupt, sie ist nur sehr schwer zu dosieren.	Verlängern Sie den Bremshebel, indem Sie die Madenschraube lösen und den Hebel weiter herausziehen und die Schraube wieder befestigen.
Die maximale Bremswirkung wird nicht erreicht, es ist nicht möglich, die Räder zum Blockieren zu bringen. Die Bremse setzt aber ordnungsgemäß ein.	Vorausgesetzt, das Servo ist stark genug, hängen Sie das Bremsgestänge am Servo weiter außen ein oder verkürzen Sie den Bremshebel.

Bei Modellen, die eine Bremsanlenkung ähnlich der des Kyosho V-One S und R haben, kann darüber hinaus noch folgendes Problem auftreten:

Bei Vollgas bremst das Modell.	Lösen Sie den Stellring, der die Feder gegen das Lager am Servo drückt, und befestigen Sie ihn weiter in Richtung Bremse. Alternativ kann der Servoweg entweder per Software der Fernsteuerung verringert werden oder durch Verkürzen des Anlenkhebels der Bremse.

Reifen und Felgen

Beim Aufziehen der Reifen, meist der letzte Schritt der Bauanleitung beim Zusammenbau des „Rolling Chassis", kommt es darauf an, dass die Reifen rund laufen und sicher auf der Felge befestigt sind.

Für den Rundlauf ist entscheidend, dass die Maße von Reifen und Felge aufeinander abgestimmt sind. Darüber hinaus müssen die Reifeneinlagen, falls vorhanden, gleichmäßig in die Reifen eingelegt werden, um eine Unwucht und unrunden Lauf zu vermeiden, dann kann man den Reifen vorsichtig auf die Felge aufziehen. Ist der Pneu dann in Position, erreicht man eine optimale Lage der Schaumstoffeinlagen, indem man einen dünnen Schraubendreher wie gezeigt vorsichtig zwischen Reifen mit Einlage und Felge durchsteckt, und anschließend mehrere Male um die Felge dreht.

Die sichere Befestigung des Reifens auf der Felge hängt vom Typ der Felge ab: Bei dreiteiligen Felgen wird der Halt durch das Verschrauben von Außen- und Innenteil der Felge erreicht. Das Mittelteil besteht bei diesem Felgentyp meist aus einem Kunststoffring, der in den Reifen eingelegt wird und durch die Verschraubung den Reifen gegen die äußeren Felgenteile drückt. Bei den im 1:10er-Bereich mittlerweile weit verbreiteten einteiligen Felgen – alle Modelle im Test waren mit

Erst kommen die Schaumstoffeinlagen in die Reifen ...

... dann wird der Reifen über die Felge gestülpt ...

... und anschließend korrekt in Position gebracht.

Vor dem Verkleben richtet man die Reifeneinlage nochmals richtig aus, indem ein schmaler Schraubenzieher einige Umdrehungen zwischen Felge und Reifen bewegt wird.

Am Schluss werden die Reifen mit ein paar Tropfen Sekundenkleber fixiert.

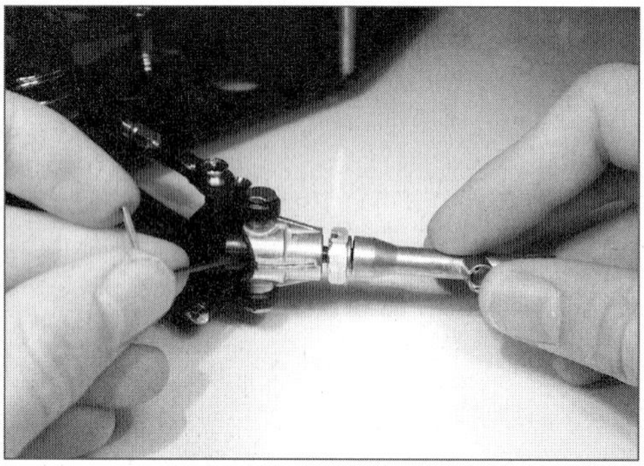

Durch das Arretieren mit einem Inbusschlüssel wird das Mitdrehen der Achsen beim Festschrauben der Radmuttern verhindert.

diesem Felgentyp ausgestattet – sollten die Reifen mit der Felge verklebt werden. Dazu eignet sich spezieller Reifenkleber oder handelsüblicher Sekundenkleber. Der etwas teurere Reifenkleber hat gegenüber dem Sekundenkleber den Vorteil, dass er sich wieder lösen lässt. Sind die Reifen also abgefahren, können die Felgen besser wieder verwendet werden. Um diesen Vorteil auch bei Verklebungen mit Sekundenkleber zu erzielen, bietet es sich an, die Reifen nur an drei oder vier Punkten mit der Felge zu verkleben. Später können diese Klebepunkte mit einem scharfen Messer leicht wieder abgelöst werden, vorausgesetzt, es wurde nicht zu großzügig mit dem Kleber umgegangen. Beim Verkleben geht man folgendermaßen vor: Nachdem der Reifen auf die Felge aufgezogen ist, wird der Rundlauf kontrolliert, indem man das Rad am Modell montiert und es dann mit Schwung dreht. Läuft es rund, wird es wieder abgebaut und auf eine flache Unterlage gelegt. Nun hebt man den Reifen an einer Stelle etwas an, träufelt einen Tropfen Sekundenkleber in den Spalt und wiederholt dies an drei bis vier Stellen pro Seite. Bei der Verwendung von Reifenkleber kann meist etwas großzügiger mit der Flüssigkeit umgegangen werden, in jedem Fall sind aber die Gebrauchshinweise auf der Packung zu beachten.

Wichtig bei der Klebemethode ist eine ausreichende Trockenzeit. Nach dem Verkleben einer Seite des Reifens wartet man mit dem Umdrehen so lange, bis der Kleber richtig ausgehärtet ist. Der Erfolg sind sauberere Klebestellen, da kein Staub oder Fussel haften bleibt.

Je nach Radmitnehmer ist es bei den Modellen einiger Hersteller notwendig, beim Verschrauben die Achse gegen ungewolltes Mitdrehen zu sichern. Dazu hat es sich als praktisch herausgestellt, mit einem kleinen Schraubendreher oder Inbusschlüssel von innen in die Radachse einzuhaken.

Die Karosserie

Der Zusammenbau des Rolling Chassis, also des fahrbereiten Fahrzeug ohne Karosserie, ist mit den zuvor beschriebenen Schritten in den meisten Fällen abgeschlossen, daher können wir uns der Gestaltung der Karosserie zuwenden. Zunächst wird die Karosserie ausgeschnitten. Nahezu alle Hersteller haben dazu Linien an der Karosserie angebracht, an denen entlang geschnitten werden muss. Für eine längere Lebensdauer der Karosserie und eine Verringerung der Verletzungsgefahr ist es ratsam, alle entstehenden Ecken abzurunden. Das kann mithilfe einer gebogenen Schere oder mit einem Minifräser geschehen. Anschließend glättest man alle Schnittkanten mit 300er-Schleifpapier, bevor die Löcher für die Karosseriebefes-

Ein Minifräser ist ein hilfreiches Werkzeug beim Ausschneiden der Karosserie.

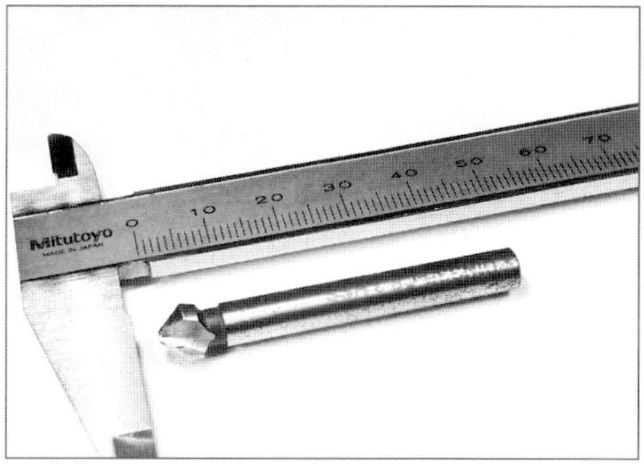

Ein Kegelsenker, der zum Entgraten der Bohrungen in der Karosserie verwendet wird.

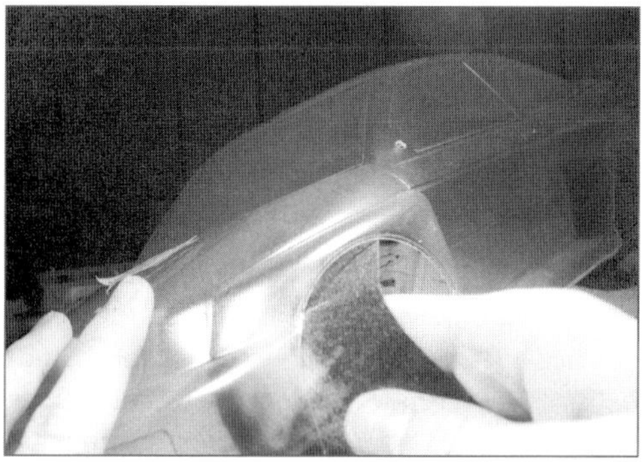

Glätten der Schnittkanten mit Schleifpapier.

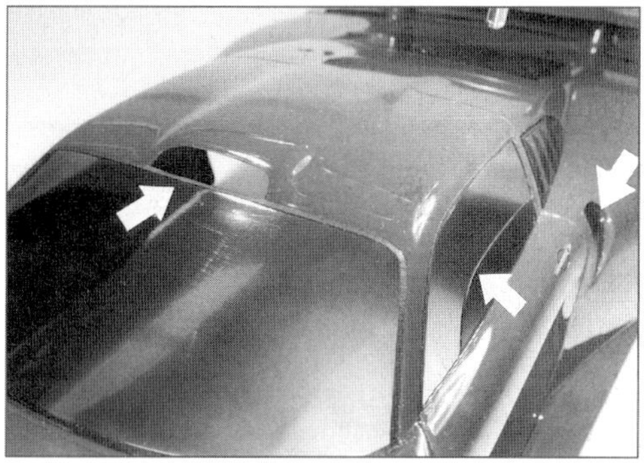

Die Pfeile markieren Kühllufteinlässe, die die Karosserie nicht entstellen.

Markieren der Positionen für die Karosseriehalter.

Hier ist es nicht notwendig, Kühllufteinlässe in die Karosserie zu schneiden: Der Zylinderkopf liegt nahezu frei.

Die lackierfertige Karosserie

Durch das Einritzen des Malerklebebandes können auch konkave Fensterflächen gut abgeklebt werden

tigung gebohrt werden. Einige Hersteller haben auf den Karosserien bereits die Punkte markiert, an denen gebohrt werden muss. Sicherheitshalber wird die Karosserie trotzdem auf das Chassis aufgesetzt, um sicher zu gehen, dass die Markierungen an der richtigen Stelle angebracht sind. Wenn keine Markierungen vorhanden sind, wird die Karosserie auf das Chassis aufgelegt und zunächst die ungefähr richtige Höhe der Karosseriehalter eingestellt. Jetzt richtet man die Karosserie so aus, dass die Radausschnitte exakt über allen vier Rädern liegen und beim Blick von oben auf das Modell der Abstand von der Außenkante der Karosserie zur Außenkante der Räder links und rechts gleich ist. Die Stellen, an denen die Karosserie auf den Befestigungen aufliegt, werden nun mit einem wasserfesten Filzstift markiert und anschließend gebohrt.

Die Bohrungen sollten nun auf beiden Seiten entgratet werden, am besten eignet sich dazu ein Kegelsenker. Wer dieses etwa 10 Euro teure Werkzeug nicht sein Eigen nennt, erreicht ein nicht ganz so gutes Ergebnis, wenn ein größerer Bohrer von Hand an der Bohrung gedreht wird. Sehr wichtig bei der Gestaltung von Karosserien für Verbrennermodelle sind Ausschnitte, durch die Kühlluft nach innen an den Motor gelangen kann. Diese Öffnungen verlangen nicht alle Hersteller in ihren Bauanleitungen, lassen Sie sich also nicht täuschen wenn es heißt, auf Ausschnitte sei wegen der Aerodynamik und Stabilität der Karosserie zu verzichten: Es kommt bei schlechter Luftzirkulation zu einem Hitzestau unter der Karosserie und der Motor arbeitet nicht mehr einwandfrei. Für das Wohlbefinden des Motors ist es aber nicht notwendig, aus einer bildschönen Karosserie einen fahrenden Schweizer Käse zu machen. Bei Tourenwagenkarosserien empfiehlt es sich, einfach die Seitenfenster ganz auszuschneiden oder sie „herunterzukurbeln“, das heißt nicht vollständig auszuschneiden. Viele Karosserien haben darüber hinaus Lufthutzen angeformt, die meist von außen mit einem schwarzen Aufkleber versehen werden sollen, diese kann man ausfräsen, um zusätzliche Kühlluft an den Motor zu leiten. Wenn mit dem Modell auch Rennen gefahren werden sollen, empfiehlt es sich unter Umständen, in das Dach der Tourenwagenkarosserie eine Bohrung für den Glühkerzenstecker anzubringen. Sie dient dazu, die Glühkerze bei montierter Karosserie vorzuglühen, während man den Motor mit einer Startbox startet. Buggykarosserien sind in der Regel enger geschnitten und bieten von daher weniger Möglichkeiten, elegante Luftöffnungen anzubringen. Meist ist es hier notwendig, Löcher für den Kühlkopf des Motors in die Karosserie zu schneiden. Im nächsten Schritt werden die zu lackierenden Flächen mit 600er-Nassschleifpapier angeschliffen. Die Fenster, auch wenn sie getönt werden sollen, sollten nicht angeschliffen werden. Zum nun folgenden Abkleben der Fensterflächen eignet sich am besten hochwertiges Malerklebeband. Bei konkaven und gebogenen Fensterrahmen empfiehlt es sich, das Abklebeband nur etwa 3 mm breit an der Kante aufzukleben und dann einzuschneiden. Es lässt sich nun viel leichter richtig festkleben.

Viele Hersteller gehen seit geraumer Zeit dazu über, die Karosserien von außen mit einer Kunststofffolie zu überziehen, die den Farbnebel von der Außenseite der Karosserie fernhält. Wenn das bei Ihrem Modell nicht der Fall ist und Sie Sprühlack verwenden wollen, sollten Sie die Karosserie auch von außen mit Klebeband abkleben. Nach dem Lackieren wird die Folie oder das Klebeband auf der Außenseite abgezogen, um anschließend die Aufkleber anzubringen. Probieren Sie mit einem nicht benötigten Aufkleber, ob er wasserfest ist: Ziehen Sie die Schutzfolie ab und legen den Aufkleber für etwa 20 Sekunden in Wasser. Versuchen Sie nun, den Aufkleber auf die Karosserie oder einen Kunststoffrest zu kleben: Klebt er nach dem Herausdrücken des Wassers fest, empfiehlt es sich, insbesondere große Aufkleber vor dem Aufkleben auf die Karosserie einzuweichen.

Der Vorteil dieser Vorgehensweise ist, dass sich die Aufkleber auf der Karosserie noch etwas verschieben lassen, bevor sie angedrückt werden und man Wasser und Luftblasen mit einem weichen Tuch herausgedrückt. Klebt der Testaufkleber nicht mehr, darf man selbstverständlich auch die anderen Aufkleber nicht einweichen.

Baukastenmodelle im Praxistest

Die für dieses Buch getesteten und hier vorgestellten Modell sind derzeit aktuell und gut erhältlich. Es ist allerdings beinahe unmöglich, eine komplette Marktübersicht zu geben, da die Hersteller ständig neue Modelle präsentieren. Mal handelt es sich um Überarbeitungen, beispielsweise ein Chassis mit einer neuen Karosserie, oder tatsächliche Neu- und Weiterentwicklungen.

Es soll mehr ein Überblick gegeben werden, was am Markt erhältlich ist – und auch Hilfe, um ein Modell, das hier nicht vorgestellt wird, beurteilen zu können: Wie ist der Baukasten ausgestattet, muss ich noch viele Zubehörteile extra kaufen, ist die Bauanleitung verdächtig dünn ...

Die Zusammenstellung gibt auch einen guten Überblick über die Trends am Markt. Dabei fällt auf, dass es beinahe keine Tourenwagenmodelle mehr gibt, bei denen ein Offroadchassis nur durch andere Reifen und eine mehr oder weniger unproportionierte Karosserie zum Straßenrenner umgebaut wurde. Ebenfalls auffällig ist der hohe Anteil an vormontierten Modellen. Insbesondere Fertigmodelle, bei denen höchstens die Karosserie gestaltet werden muss, finden sich immer öfter in den Regalen der Modellbauhändler. Dabei sind es keinesfalls nur die Einsteigermodelle, die vormontiert sind, auch hochwertige Fahrzeuge wie beispielsweise der GM-Racing TC-4 Nitro International Pro werden heute schon so angeboten. Um dem ambitionierten Leser die Möglichkeit zu geben, bereits vor dem Kauf zu wissen, ob das ausgewählte Modell im Rennen eingesetzt werden kann, sind alle hier vorgestellten Fahrzeuge darauf untersucht worden, welchen Reglements sie entsprechen. Diese Einteilung geschah auf Basis der zum Zeitpunkt der Erstellung dieses Buches gültigen Reglements, die sich natürlich im Laufe der Zeit ändern können. Folgende Abkürzungen werden bei der Einteilung in die Rennklassen verwendet:

D-Cup:	D-Cup
GM:	GM-Racing Grand Prix
LRP:	LRP-HPI-Challenge
KWC:	Kyosho World Cup
OR10:	DMC Verbrenner Offroad, Maßstab 1:10

Sollte eine dieser Abkürzungen eingeklammert abgedruckt sein, bedeutet dies, dass das Modell zwar das Reglement erfüllt, aufgrund seiner Konzeption jedoch eher nicht wettbewerbstauglich ist.

Um nicht Äpfel mit Birnen zu vergleichen, wurden alle Modelle in Preiskategorien eingeteilt. Die Einteilung erfolgt auf der Basis der empfohlenen Verkaufspreise der Hersteller beziehungsweise Importeure. Diese Preise können in der Praxis nach oben oder unten abweichen, sodass ein Modell in eine andere Preisklasse rutscht. Die Einteilung in die Preiskategorien erfolgt für das Modell in den angegebenen Versionen, das heißt, kann eine Fernsteueranlage optional mit geordert werden, erfolgt für beide Versionen eine Einteilung in die jeweilige Preiskategorie. Gleiches gilt für Modelle, die wahlweise mit oder ohne Motor erhältlich sind. Eventuell lieferbare Sonderausstattungen, wie beispielsweise ein Elektrostarter, werden für die Einteilung nicht berücksichtigt.

Preiskategorien

1	bis 225 Euro empfohlener Verkaufspreis
2	von 226 bis 275 Euro empfohlener Verkaufspreis
3	von 276 bis 325 Euro empfohlener Verkaufspreis
4	von 326 bis 375 Euro empfohlener Verkaufspreis
5	über 375 Euro empfohlener Verkaufspreis

Die Lackierung der getesteten Modelle orientiert sich im Wesentlichen an den Vorgaben der Bauanleitung und der Verpackung oder dem Original, um eine bessere Identifikation im Laden zu ermöglichen. Die Reihenfolge der Testberichte ist in etwa so gewählt, dass am Anfang Einsteigerfahrzeuge und am Ende Profimodelle vorgestellt werden. Diese Einteilung basiert jedoch nicht auf den oben genannten Preisgruppen, sondern auf der Leistungsfähigkeit des Modells. Sollte im Fahrbericht nichts anderes erwähnt sein, wurde jedes Modell mit der Baukastenglühkerze und dem serienmäßigen Auspuff getestet.

Hier noch eine kurze Begriffserklärung: „Untersteuern“ bezeichnet bei einem Fahrzeug das Schieben über die Vorderräder beim Kurvenfahren, von „übersteuern“ spricht man, wenn in Kurven das Heck nach außen drängt. Als Eselsbrücke kann man sich merken, dass ein Fahrzeug übersteuert, wenn es übermäßig heftig auf Lenkbewegungen reagiert. Übrigens gelten beide Begriffe für Modelle wie für die großen Vorbilder.

Kyosho Pure Ten Alpha: Mercedes CLK DTM

Artikelnummer: 31023-A1 (ohne RC-Anlage) bzw. 31023-R11 (mit RC-Anlage)
Klasse: (D-Cup), (GM), (LRP)
Preiskategorie: 2 (ohne RC-Anlage) bzw. 3 (mit RC-Anlage)

Kyosho Pure Ten Alpha Mercedes

Hätten Sie es gesehen: Es fehlt der Stern!

Heckansicht des CLK. Der große Spoiler wird fest mit der Karosserie verschraubt.

Das Rolling Chassis mit dem beiliegenden Pistolensender.

In der Serie Pure Ten Alpha bietet Kyosho eine Reihe von fahrfertigen Modellen an, wahlweise mit oder ohne Fernsteueranlage.

Ausstattung

Das hier vorgestellte Modell ist mit der Kyosho-Perfex-RC-Anlage ausgestattet und kann innerhalb sehr kurzer Zeit in Betrieb genommen werden. Dazu muss man lediglich Batterien oder Akkus (insgesamt zwölf Mignonzellen) in die Batteriefächer im Fahrzeug und im Sender einlegen. Nach dem Tanken kann der enthaltene Kyosho-Motor GX-12 (1,82 cm^3) mit Anreißstarter gestartet werden. Einige kleine Inbusschlüssel liegen dem Bausatz ebenfalls bei, sodass auch eine Demontage erleichtert wird.

Zusammenbau

Der Zusammenbau beschränkt sich auf das Einlegen der Batterien und das Überprüfen der Gas-Brems- und Lenkgestänge. Alle Gestänge waren beim Testmodell korrekt eingestellt, es musste lediglich die Drehrichtung der Servos am Sender umgekehrt und ein klein wenig nachgetrimmt werden. Anschließend ist die Karosserie auszuschneiden und zu verzieren: Radläufe und alle anderen Kanten sind bereits korrekt geschnitten, man muss nur

So wird der Kyosho CLK ausgeliefert. Nicht im Bild ist die silberfarben lackierte Karosserie.

Die RC-Komponenten in weißen Gehäusen sind in einer spritzwassergeschützten Box eingebaut.

Die Schrauben im Chassis sind nicht gesenkt. Da die Schwungscheibe nicht geriffelt ist, lässt sich der Motor nicht problemlos mit einer Startbox starten.

Die Vorderachse im Detail. Gut erkennbar sind die starren Spurstangen und der Knochen, mit dem das Vorderrad angetrieben wird.

Hier sieht man die Abgasführung durch das Chassis und die Vergaser- und Bremsgestänge.

noch etwas verschleifen und die Öffnung im Seitenfenster fräsen, um den Motor mit ausreichend Frischluft zu versorgen. Die Karosserie ist schon silberfarben lackiert, allerdings wären ein paar Gramm mehr Farbe insbesondere in den Kanten wünschenswert. Auch der Spoiler aus Lexan ist bereits schwarz lackiert, man muss ihn noch ausschneiden und an die Karosserie montieren. Die beiliegenden Aufkleber ermöglichen es, dass man zum Schluss ein sehr schönes Modell vor sich stehen hat, das auch in der Vitrine ein gutes Bild abgibt.

Zur Einstellung der Federvorspannung liegen dem Baukasten Ringe bei, die auf die Federbeine geklipst werden können. Jedoch herrscht bereits ohne diese Ringe eine recht hohe Federvorspannung, sodass das Modell im Stand nicht einfedert.

Obwohl es sich um ein vormontiertes Modell handelt, liegt eine umfangreiche Bauanleitung bei, die den Zusammenbau von Anfang an beschreibt. Dies ist zum Beispiel dann hilfreich, wenn man das Modell für eine gründliche Reinigung zerlegen musste. Neben der eigentlichen Montage werden auch Wartung und Einstellung des Motors in der Bau- und Betriebsanleitung beschrieben. Ebenfalls enthalten sind Informationen über die Einstellung der Gestänge und über das korrekte Einlaufen des Motors.

Eine Explosionszeichnung und eine Tabelle mit den Artikelnummern der Ersatzteile runden die Bauanleitung ab.

Die Gestaltung der Karosserie wird genau erklärt, jedoch sollte sie etwas niedriger montiert werden als in der Bauanleitung beschrieben, da es sich ja um einen CLK und nicht um eine M-Klasse handelt.

Fahrtest

Der Fahrtest fand in den frühen Abendstunden bei etwa 25°C Außentemperatur auf einem neu asphaltierten Platz statt. Zum Starten sollte der integrierte Anreißstarter verwendet werden, da ein Elektrostarter aufgrund der fehlenden Riffelung in der Schwungscheibe durchrutscht. Der Motor startet mit der beiliegenden Glühkerze und 5%igem Synthetik-Kraftstoff gut. Beim Gasgeben kuppelt die Fliehkraftkupplung bereits bei recht niedrigen Drehzahlen ein, was dem Einsteiger normalerweise sehr recht ist. Man sollte jedoch recht bald auf einen Kraftstoff mit einem Nitromethananteil von mindestens 12% wechseln. Dies hat den Vorteil. Dass sich das optimale Gemisch einfach einstellen lässt und die Fahrleistungen viel besser sind. Mit diesem „heißeren" Kraftstoff liegen die Beschleunigung und die Höchstgeschwindigkeit für Einsteigermodelle ziemlich hoch.

Trotz des recht großen Spiels in der Lenkung ist der Geradeauslauf gut, in Kurven verhält sich der CLK nicht zuletzt wegen des Allradantriebs weitgehend neutral. Angenehm wären Öldruckstoßdämpfer oder zumindest weichere Federn mit etwas weniger Vorspannung, da das Modell beim Überfahren von Bodenunebenheiten versetzt und unruhig wirkt.

Die Bremse funktioniert gut, allerdings ist das Gasservo etwas zu schwach, um auf griffigem Untergrund eine Vollbremsung durchzuführen.

Sehr angenehm ist die Auspuffkonstruktion, bei der die Abgase durch das Chassis hindurch auf die Fahrbahn geführt werden: Nach dem Abwischen des Unterbodens ist das Modell nahezu komplett gereinigt, der Aufbau verschmutzt so gut wie gar nicht.

Schlussbetrachtung

Der Kyosho CLK aus der Serie Pure Ten Alpha ist ein robustes Einsteigerfahrzeug für diejenigen, die erstmals mit dem RC-Car-Sport in Kontakt kommen und nur gelegentlich ohne große Vor- und Nachbereitungen auf Parkplätzen ein paar Runden drehen möchten. Die Fahrleistungen sind nicht besonders hoch, der Motor wirkt etwas schwach für dieses Modell.

Auf jeden Fall handelt es sich jedoch um ein Modell, dass zwischen den Einsätzen eine gute Figur im heimischen Regal abgibt.

Das fahrfertige Modell. Im Hintergrund das Originalrad des Ferrari F360 aus der GT-Meisterschaft.

Tamiya TG10-MK. 1 Ferrari 360 GT

Artikelnummer: 44035
Klasse: D-Cup, LRP, GM
Preiskategorie: 5

Ausstattung

Der reinrassige Bausatz präsentiert sich in der bekannt hohen Tamiya-Qualität: Es liegen verschiedene Werkzeuge bei, alle Teile passen sehr gut und die Bauanleitung sucht ihresgleichen. Selbst Luftfilteröl fehlt nicht.

Das Modell ist komplett kugelgelagert und mit einem 2,11-cm^3-Motor ausgestattet. Der Sturz ist an allen vier Rädern verstellbar, an der Vorderachse lässt sich darüber hinaus auch die Vorspur einstellen. Der Allradantrieb erfolgt über eine Gelenkwelle, dabei fällt die ungewöhnliche Position des Motors auf. Üblicherweise ist der Motor nämlich entweder in Fahrtrichtung quer und auf der linken Seite eingebaut oder längs und in Fahrtrichtung rechts positioniert. Beim TG10 befindet sich der Motor längs und auf der linken Seite des Chassis, sodass das Hauptzahnrad mit der Scheibenbremse direkt am hinteren Getriebegehäuse angebracht ist. Die Abgase werden vom Auspuff über einen Kunststoffschlauch zum Heck des Modells geleitet, wo hinter dem Getriebegehäuse eine Durchführung angebracht ist, durch die die Abgase direkt auf die Fahrbahn geleitet werden, um so die Verschmutzung des Modells zu minimieren.

Auch rot ist beautiful!

Das Rolling Chassis des Tamiya Ferrari.

Zusammenbau

Der Zusammenbau gestaltet sich problemlos. Es muss natürlich etwas mehr Zeit eingeplant werden als bei den vormontierten Modellen, dafür macht die Montage wegen der guten Passgenauigkeit der Teile und der vorbildlichen Bauanleitung sehr viel Spaß und ist selbst für einen Einsteiger einfach zu bewerkstelligen.

Das Gas-Brems-Gestänge lässt sich einfach einbauen, auch hier wählte Tamiya eine Konstruktion, die eher unüblich ist, aber tadellos funktioniert.

Der Einbau der Fernsteuerung ist problemlos möglich, selbst etwas größere Empfänger finden im Chassis Platz. Die Servos werden in Langlöchern aufgenommen, sodass man nicht

Bei abgenommener Karosserie erkennt man deutlich die große Radioplatte, unter der alle RC-Komponenten Platz finden.

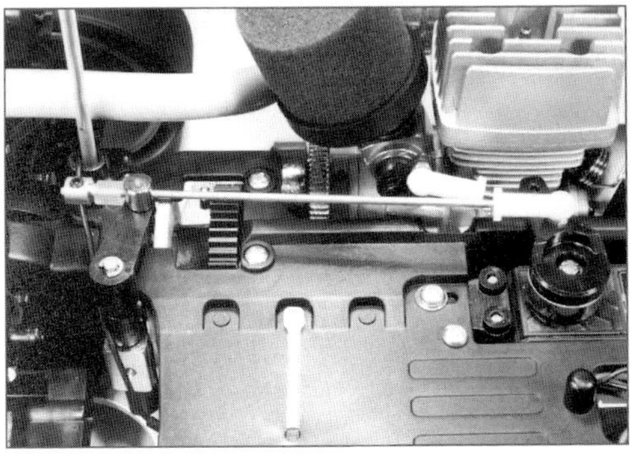

Das Gas-Brems-Gestänge ist bei diesem Modell etwas unkonventionell ausgeführt.

Hinterradaufhängung und Kupplungsglocke im Detail. Der Schlauch leitet das Abgas hinter das Chassis.

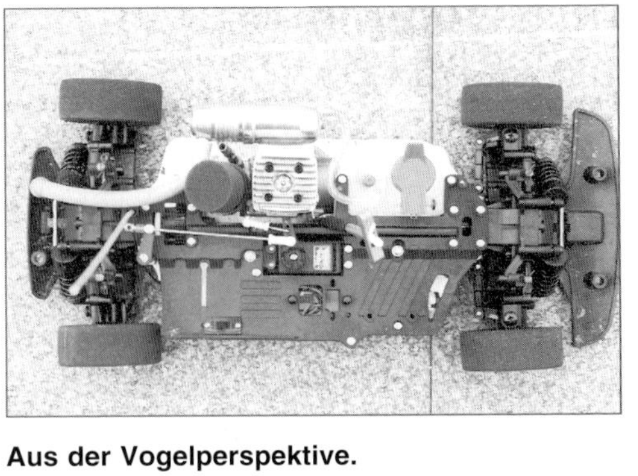

Aus der Vogelperspektive.

auf eine Servogröße beschränkt ist, sondern die Größen innerhalb von etwa 5 mm schwanken können.

In einem separaten Blatt wird die Lackierung und Ausgestaltung der bereits fertig gebohrten Karosserie beschrieben. Dies ist notwendig, weil Tamiya dieses Chassis auch mit anderen Tourenwagen- und Rallyecrosskarosserien anbietet.

Auch die Zusatzanleitung ist korrekt und begleitet den Modellbauer zuverlässig bei der Gestaltung der sehr detaillierten und vorbildgetreuen Karosserie.

Fahrtest

Dem Modell liegt bereits eine Glühkerze bei, sodass nur noch getankt werden muss. Mit 5%igem Synthetikkraftstoff springt der 2,11er sowohl im kalten als auch im warmen Zustand spontan an und knattert erfreulich leise los. Der etwas eigenartige Klang ist auf den Schlauch zurückzuführen, durch den die Abgase vom Auspuff weggeleitet werden.

Mit etwas mehr Nitromethan im Kraftstoff und magerer Einstellung ist die Leistungsentfaltung gut, Beschleunigung und Höchstgeschwindigkeit liegen im guten mittleren Bereich.

Das Fahrverhalten des Ferrari begeistert: Selbst mit Vorsatz und wilden Lenkbewegungen lässt sich das Modell nicht aus der Ruhe bringen. Der Allradantrieb verleiht diesem Modell ein untersteuerndes Fahrverhalten, das sehr gut geeignet ist für Einsteiger: Egal wie heftig Gas gegeben wird in der Kurve, das Einzige, was sich verändert, ist der benötigte Kurvenradius. Die Bremse arbeitet hervorragend. Sie ist gut zu dosieren und verzögert das Modell dank der griffigen Reifen mühelos.

Auch auf etwas unebenem und weniger griffigem Untergrund ist das Modell sehr gut beherrschbar, die Feder-Stoßdämpfer-Abstimmung ist bereits aus dem Baukasten heraus sehr ausgewogen und verleiht dem Ferrari ein ruhiges Fahrbild.

Schlussbetrachtung

Zum Fahren eigentlich zu schade ist der Tamiya Ferrari. Wer sich trotzdem traut, ihn auf die Piste zu lassen, wird spontan gut mit dem Fahrverhalten zurechtkommen. Motor, Fahrwerk und Getriebe sind bereits aus dem Baukasten heraus exzellent aufeinander abgestimmt, da fällt es kaum ins Gewicht, dass der sehr startfreudige Motor leistungsmäßig eher im Mittelfeld der hier vorgestellten Fahrzeuge rangiert. Sehr angenehm ist die geringe Neigung zu verschmutzen, da die öligen Abgase vom Auspuff durch einen Schlauch zur Unterseite des Modells geleitet werden und dort weder die Karosserie noch das Chassis nennenswert verölen.

Kyosho GP Ultima RB Sports

Artikelnummer: 31092-A1 (ohne RC-Anlage) bzw. 31092-R11 (mit RC-Anlage)
Klasse: OR10
Preiskategorie: 2 (ohne RC-Anlage) bzw. 3 (mit RC-Anlage)

Ausstattung

Der Kyosho GP Ultima RB Sports wird in zwei Ausstattungen angeboten. Bei beiden Varianten ist das Chassis fertig aufgebaut, die Readyset-Version ist darüber hinaus mit einer Fernsteueranlage mit Pistolensender und einer lackierten Karosserie ausgerüstet. Nach dem Ausschneiden und Bekleben von Karosserie und Spoiler ist das Modell einsatzbereit.

Bei der ARR-Version (ARR = almost ready to run, beinahe fahrfertig) muss zusätzlich zum Einbau der RC-Komponenten die Karosserie lackiert werden. Dies ist jedoch recht schnell erledigt, da man die Fenster mit lackieren kann, weil schwarze Aufkleber dabei sind, die von außen als „Scheiben“ aufgeklebt werden.

Im Bausatz enthalten sind verschiedene Inbusschlüssel und ein Sechskantschlüssel mit verschiedenen Größen zur Demontage des

Das fahrbereite Modell.

Die abgebildete RC-Anlage ist auf Wunsch bereits ab Werk in das Modell eingebaut. In der dunklen Box neben dem Tank befindet sich der Empfänger.

Modells. Beide Versionen sind mit dem Kyosho-Motor GX-15R mit 2,5 cm³ Hubraum ausgestattet. Die Öldruckstoßdämpfer laufen in Gehäusen aus Kunststoff, zur Abstimmung des Dämpfungsverhaltens liegen weitere Kolbenplatten bei. Darüber hinaus finden sich Clips, um die Federvorspannung einzustellen. Alle Wellen sind gleitgelagert in Metallbuchsen, die gegen optional erhältliche Kugellager getauscht werden können. Die Spurstangen und oberen Querlenker sind in der Länge nicht verstellbar.

Positiv fällt die Tankkonstruktion des GP Ultima auf: Durch einen Rand um den Einfüllstutzen herum wird überlaufender Kraftstoff aufgefangen und über einen Ablauf durch das Chassis hindurch auf die Fahrbahn geleitet. Das verringert die Verschmutzungsgefahr deutlich. Eine Besonderheit des GP Ultima ist seine Rutschkupplung, der so genannte Slipper. In Ergänzung zur Fliehkraftkupplung des Motors kann diese Rutschkupplung stufenlos eingestellt werden. Sie dient dazu, auf rutschigem Untergrund ein Durchdrehen der Hinterräder und damit das Ausbrechen des Fahrzeugs zu verhindern. Diese Art Kupplung findet sich normalerweise eher in Elektromodellen.

Besonders positiv hervorzuheben ist die Qualität der Vormontage: Stellenweise wurde sogar Schraubensicherungslack verwendet, was keinesfalls selbstverständlich ist.

Zusammenbau

Die hier vorgestellte Readyset-Version mit eingebauter Fernsteueranlage ist bequem an einem Abend fertig zu stellen. In Ergänzung zur Bauanleitung empfiehlt es sich, das Kabel für die Empfängerstromversorgung zusätzlich zu fixieren, damit es den heißen Motor nicht berühren kann.

Die Servos sind bereits korrekt eingebaut, sodass nur noch leicht nachgetrimmt werden muss. Hier sollte auch noch einmal überprüft werden, ob Lenkeinschlag und Vergaser- bzw. Bremsbetätigung mit den Bewegungen am Sender übereinstimmen.

Fahrtest

Mit der Baukasteneinstellung und 5%igem Synthetikkraftstoff springt der Motor kalt und warm sehr gut an, er benötigt jedoch unter Umständen etwas mehr Gas als Leerlauf, um zuverlässig zu starten. Am Chassis fehlt auch bei diesem Modell ein Griff, an dem es festgehalten werden kann beim Betätigen des Anreißstarters.

Der Leerlauf ist ab Werk bereits gut eingestellt, auch das Gas-Brems-Gestänge braucht nicht korrigiert werden.

Der Ultima beschleunigt gut und erreicht eine attraktive Höchstgeschwindigkeit. Dabei ist die Baukastenabstimmung des Fahrwerks sehr gut für Einsteiger geeignet, weil das Modell eine recht starke Untersteuerneigung hat und nur schwer zum Ausbrechen zu bewegen

Der Empfängerakku wird in einer geschützten Box hinter der Hinterachse eingebaut, die verbessert die Balance des Autos, insbesondere bei Sprüngen.

Eine Rutschkupplung gehört zur Serienausstattung. Sie befindet sich im Hauptzahnrad.

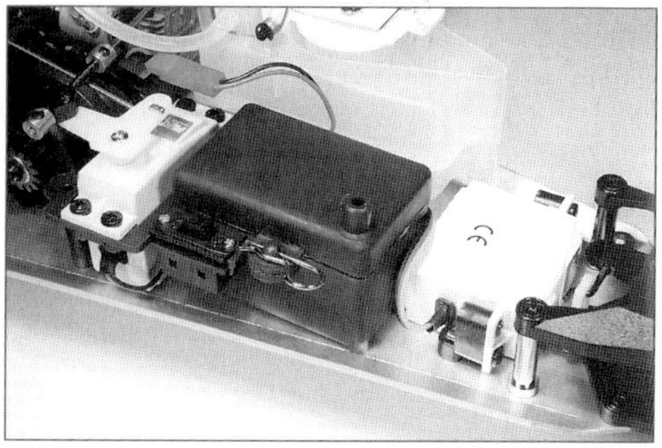

Servos und Empfängerbox.

ist. Sowohl auf Asphalt als auch auf einem harten Belag aus Sand und feinem Schotter weisen die Baukastenreifen einen guten Griff auf, der Verschleiß ist relativ niedrig. Das Schluckvermögen der Federung und Dämpfung ist angenehm gut, selbst größere Unebenheiten bügeln die Stoßdämpfer gut aus. Bei Verwendung von Kraftstoffen mit 16% Nitromethan entwickelt der Motor eine noch höhere Leistung. Damit ist es wesentlich einfacher, das Heck durch einen Gasstoß am Ende der Kurve zum Ausbrechen zu bewegen. Die serienmäßige Rutschkupplung kann etwas gelockert werden, um dieser Tendenz entgegenzuwirken. Auf griffigem Untergrund wie beispielsweise Rasen wird auch beim Ultima die relativ geringe Stellkraft des Gas-Brems-Servos offensichtlich: Hier wünscht man sich etwas mehr Drehmoment, um noch wirksamer verzögern zu können. Auf anderen Untergründen reicht die Stellkraft hingegen vollkommen aus, da die Hinterräder nicht mehr als blockieren können.

Schlussbetrachtung

Beim GP Ultima RB Sports handelt es sich um ein interessantes Fahrzeug für alle Modellsportler, die ein preisgünstiges Offroadmodell suchen. Die Konstruktion ist robust, der beiliegende Motor leistungsstark und die mit der Readyset-Version gelieferte RC-Anlage funktioniert alles im allem sehr zuverlässig.

Dieses Modell beweist, dass auch Hecktriebler im Fahrverhalten absolut unkritisch und beherrschbar sein können, ohne dabei leistungsschwach oder langsam zu sein.

Carson Flasher 2 WD/Wild Thing 4 WD

Artikelnummer: 13363 (Flasher) bzw. 13364 (Wild Thing)
Klasse: –
Preiskategorie: 3 bzw. 4

Mit dem Flasher und dem Wild Thing bietet Carson zwei Abkömmlinge seiner aktuellen Onroadmodelle an, die durch die Pick-up-Karosserie und größere Räder auch für schlechteren Untergrund geeignet sind, jedoch handelt es sich keinesfalls um richtige Offroader.

Die beiden Modelle sind prinzipiell baugleich, sie unterscheiden sich lediglich durch das Antriebskonzept: Der Wild Thing ist allradgetrieben, während der Flasher nur über einen Hinterradantrieb verfügt. Darüber hinaus ist der Wild Thing mit einem Zweigang-Automatikgetriebe ausgerüstet.

Ausstattung

Die beiden Ford-Pick-ups werden weitestgehend vormontiert geliefert. Zur Ausschmückung der Karosserie liegen beiden Modellen unterschiedliche Aufkleberbögen bei, die einer Airbrush-Lackierung sehr nahe kommen und vor dem Lackieren von innen auf die Karosserie geklebt werden. Beide Modelle sind mit dem gleichen 2,5-cm^3-Verbrennungsmotor mit

Auf den ersten Blick nur durch die Farbe zu unterscheiden: Carson Flasher und Wild Thing.

0,53 kW (0,72 PS) bei 29.000 U/min ausgestattet. Die Untersetzung des 2 WD liegt zwischen erstem und zweitem Gang des 4 WD, wobei der 2 WD aufgrund des fehlenden Antriebsstrangs für die Vorderräder grundsätzlich über einen Gewichts- und damit einen Beschleunigungsvorteil verfügt. Am Fahrwerk findet sich beinahe alles, was man sonst eigentlich nur von Wettbewerbsmodellen kennt: Öldruckstoßdämpfer mit Metallgehäusen, Spurstangen mit Rechts-/Linksgewinde und Stabilisatoren an Vorder- und Hinterachse sind bei beiden Modellen serienmäßig. Der Wild Thing (4 WD) ist darüber hinaus komplett kugelgelagert, während der Flasher (2 WD) nur im Antriebsstrang, nicht jedoch in den Achsschenkeln mit Kugellagern bestückt ist.

Auch auf etwas schlechterem Untergrund können die Modelle noch gut betrieben werden.

Der Hecktriebler Flasher.

Zusammenbau

Neben der RC-Anlage müssen die Räder montiert und die Karosserie lackiert werden. Die Bauanleitung ist bei beiden Modellen identisch, sie beschreibt jedoch nur die Endmontage und nicht den gesamten Aufbau der Modelle. Es scheint eine technische Änderung beim Auspuff gegeben zu haben, da der abgebildete Auspuff für den 2 WD nicht dem in der Anleitung abgebildeten entspricht. Außerdem soll-

Das machen wir nur fürs Foto, denn wegen der ungeschützten Elektronik sollten zu tiefe Wasserdurchfahrten vermieden werden.

te dem 4 WD laut Bauanleitung ein Resonanzrohr beiliegen, stattdessen findet sich der gleiche Auspuff wie beim 2 WD. Dies irritiert vielleicht den einen oder anderen, hat aber auf den Zusammenbau an sich keine Auswirkungen.

Die Bodenfreiheit ist bei beiden Modellen nicht einstellbar, wie es in der Bauanleitung beschrieben ist: einerseits fehlen die dazu notwendigen Madenschrauben, andererseits existiert keine Auflagefläche für die Schrauben, auf die sie zur Reduzierung der Bodenfreiheit drücken könnten. Da die Federwege ohnehin nicht besonders lang sind, ist dieses Feature verzichtbar, denn die beiden Pick-ups sind si-

Mit Allradantrieb über den Feldweg: der Wild Thing.

Das fahrbereite Flasher-Chassis (2 WD).

Das Gasservo mit Gestängen.

Der Flasher hat bereits ein Getriebegehäuse an der Vorderachse, es fehlt jedoch das Innenleben.

Die RC-Komponenten liegen recht ungeschützt. Beim Verlegen des Lenkservokabels ist darauf zu achten, dass es nicht ins Gasgestänge kommen kann und trotzdem fixiert ist.

Zwillingsbruder mit kleinem Unterschied: dem Allradantrieb.

Die Bohrungen an der Unterseite des Chassis sind bei beiden Modellen gesenkt.

cher keine Rennwagen, die möglichst dicht über der Fahrbahn liegen sollten. Nicht irritieren lassen darf man sich von der Länge der beiliegenden Schrauben: Sie sind 15 statt 10 mm lang, was aber die Funktion nicht beeinträchtigt. Einzig die Servoschrauben sollten etwas kürzer sein, da sonst das Gewinde sehr weit aus den Kunststoffmuttern hervorsteht.

Der Einbau des Gas-Brems-Gestänges und der Anlenkung für den Servosaver funktioniert aufgrund der detaillierten Beschreibung in der Montageanleitung recht problemlos. Das Bremsgestänge braucht nicht einmal so kompliziert gebogen werden wie in der Bauanleitung beschrieben, ein einfaches Abbiegen im hinteren Bereich reicht völlig, um die Funktion zu sichern und eine Berührung mit dem Lenkservo zu vermeiden. Wichtig ist jedoch, den Vergaser gegebenenfalls etwas zu drehen, sodass das Vergaserküken bei der Betätigung nicht verkantet.

Im Anschluss an die Montage beschreibt die Bauanleitung die Einstellung des Zweiganggetriebes und das Einlaufen des Motors. Eine Aufstellung der erhältlichen Ersatz- und Tuningteile fehlt ebenfalls nicht.

Fahrtest

Ausgerüstet mit einer OS-Glühkerze vom Typ A3 sprangen die Motoren beider Modelle nach längeren Startversuchen an. Mit dem zunächst verwendeten synthetischen Kraftstoff mit 5% Nitromethan waren die Fahrleistungen überra-

Die Vorspannung der Federn wird über eine Mutter geregelt, die auf einem Gewinde des Stoßdämpfergehäuses läuft. Die Federn sind progressiv, alle Spurstangen mit Rechts-/Linksgewinde ausgestattet. Gut erkennbar sind der Stabilisator und die Achsschenkel und Lenkhebel aus Aluminiumdruckguss.

An der Stoßdämpferbrücke finden sich bei beiden Modellen viele verschiedene Befestigungspunkte für die Stoßdämpfer. Auch an der Hinterachse besitzen die beiden Trucks einen Stabilisator.

schend gut, der Motor entwickelt eine recht hohe Leistung, wobei das Zweiganggetriebe der allradgetriebenen Version erwartungsgemäß besser mit dem Motor harmoniert als der Einganggetriebe des Hecktrieblers: Hier erscheint die Untersetzung zunächst etwas lang, viel auffälliger ist jedoch das schnelle Erreichen der Höchstdrehzahl, was förmlich nach einem zweiten Gang schreit.

Das Fahrverhalten des allradgetriebenen Wild Thing ist sehr neutral bis untersteuernd, solange man am Ausgang der Kurve nicht zu viel Gas gibt. Dann nämlich neigt das Modell zum Übersteuern und kann aufgrund des hohen Schwerpunktes und des großen Reifenquerschnitts nur sehr schwer wieder abgefangen werden. Selbst wenn man das Ausbrechen herausfordert, ist die Gefahr des Umkippens relativ niedrig, wenn auch nicht ausgeschlossen.

Das 2-WD-Modell Flasher hat ein für einen Hecktriebler typisches Fahrverhalten. Aus hohen Geschwindigkeiten lässt er sich nur sehr widerwillig zu einer Richtungsänderung bewegen, beim Wegnehmen des Gases oder zu heftigem Anbremsen bricht das Fahrzeug aus und lässt sich nur schwer wieder einfangen. Wenn sich der Aufbau einmal aufgeschaukelt hat, ist ein Umkippen fast unvermeidlich, dazu gehört jedoch zumindest auf Asphalt ein ziemlich forscher Fahrstil.

Der große Vorteil dieser Modelle liegt im weiten Anwendungsbereich. Sie können nicht nur auf Asphalt betrieben werden, auch im leichteren Gelände, zum Beispiel auf Feldwegen, fühlen sich Flasher und Wild Thing wohl. Man sollte es jedoch nicht übertreiben und die Höchstgeschwindigkeit nicht immer ausreizen wollen, da die Federwege trotz der längeren Stoßdämpfer nicht mit denen reinrassiger Offroader konkurrieren können.

Auf unbefestigtem Terrain machen beide Fahrzeuge mindestens genauso viel Spaß wie auf der Straße: Mit etwas Übung sind tolle Drifts möglich und das Fahrbild passt hervorragend zu den Pick-up-Karosserien. Der 4 WD ist dabei auch im Gelände einfacher zu beherrschen als der Hecktriebler, ohne dass Letzterer jedoch ein kritisches Fahrverhalten an den Tag legt. Bei beiden Modellen muss beim Durchfahren von Kurven abseits der Straße unbedingt die Geschwindigkeit reduziert werden, da die Pick-ups je nach Griffigkeit des Untergrunds durchaus umkippen können.

Wegen des recht offenen Chassis sind die Reinigungsarbeiten je nach Feuchtigkeit und Betriebsdauer bei den Carson-Pick-ups etwas höher als bei Modellen mit gekapselten Chassis und eng anliegender Karosserie. Die einfach zu demontierende Radioplatte erleichtert die Reinigung jedoch spürbar.

Schlussbetrachtung

Mit dem Flasher 2 WD und dem Wild Thing 4 WD hat Carson zwei Modelle im Angebot, die sich sehr gut für Einsteiger und Hobbyfahrer eignen. Sie lassen sich problemlos montieren und legen hohe Fahrleistungen an den Tag, wobei die Motoren nicht sehr startfreudig sind. Hervorzuheben ist das breite Einsatzgebiet von der Straße bis hin zu leichtem Gelände, was insbesondere den Bedürfnissen derjenigen entgegen kommt, die keine Rennstrecke zur Verfügung haben.

Dank der Verwendung vieler Teile des Carson Porsche Carrera können durch den Tausch von Karosserie, Rädern und Stoßdämpfern beide Pick-ups in einen Tourenwagen umgebaut werden, was ebenfalls für diese Modelle spricht.

GM-Racing/Graupner TC-4 Nitro 2 WD Audi A4 STW

Artikelnummer: 90095
Klasse: D-Cup, GM
Preiskategorie: 1

Ausstattung

„Pretty in Pink“: Auf einem pink eloxierten Aluminiumchassis ist das Modell vormontiert mit einem 1,8-cm³-Motor mit Anreißstarter.

Der fahrfertige Audi von GM-Racing/Graupner.

An den vier doppelten Querlenkern finden sich ausnahmslos Rechts-/Linksspurstangen zur Einstellung von Vorspur und Sturz sowie Öldruckstoßdämpfer. Die Vorderachse ist mit einem Stabilisator ausgestattet, alle drehenden Teile laufen in gekapselten Kugellagern.

Eine gute Idee ist der beiliegende Gutschein für ein Gratisheft der Zeitschrift „amt“, der beim Verlag eingelöst werden kann. Alles in allem handelt es sich um eine sehr gute Ausstattung, die nicht sofort den Wunsch nach Tuning aufkommen lässt. Da fällt es umso mehr auf, dass weder eine Glühkerze noch doppelseitiges Klebeband zum Lieferumfang gehören und zu wenige Kabelbinder beiliegen.

Das fahrfertig Modell.

Zusammenbau

Dem Trend folgend wird das Modell vormontiert geliefert. Man hat nur noch die Räder anzubringen und die RC-Anlage einzubauen. Die beiliegende Bauanleitung beschreibt dies hinreichend, darüber hinaus wird der Zusammenbau des gesamten Modells gezeigt, als würde es als Bausatz geliefert.

Dabei deckt die Anleitung auch den Zusammenbau der 4-WD-Version ab, die ebenfalls erhältlich ist. Ein umfangreicher Serviceteil mit einer Liste der benötigten Werkzeuge, erhältli-

Der Motor mit Anreißstarter und Expansionsschalldämpfer.

Außer denen der Motorbefestigung sind alle Bohrungen gesenkt. In das Riemengetriebe zum Hinterachsdifferenzial kann von unten Schmutz eindringen.

So weit vorgefertigt ist das Modell, wenn es geliefert wird.

ten einbauen zu können. Einschränkungen gibt es beim verwendbaren Empfänger: Er sollte eine maximale Länge von 52 mm nicht überschreiten, möchte man ihn an der vorgesehenen Stelle unterbringen. Leider fehlte beim Testmodell die Spurstange zur Verbindung des Ruderhorns mit dem Servosaver. Abhilfe schaffte eine Schraube M3×15 mit abgesägtem Kopf. Wünschenswert wäre es, wenn die wenigen Spritzlinge mit den zur Komplettierung notwendigen Teilen nummeriert wären, um Verwechslungen auszuschließen. Etwas anders als in der Bauanleitung abgebildet sehen der Luftfilter und die Stellschraube für das Bremsgestänge in Wirklichkeit aus, das ist jedoch eher ein kosmetisches „Problem", da die Funktion der tatsächlich beiliegenden Teile absolut in Ordnung ist. Bei der Funktionsprüfung am Ende des Zusammenbaus fiel auf, dass die Vorderräder recht unrund laufen und darüber hinaus die Schrauben, mit denen die vorderen Achsschenkel in den Achsschenkelträgern befestigt sind, zu lang sind und an den Radachsen schleifen. Das Radproblem ließ sich durch besonders vorsichtiges Montieren reduzieren, nicht jedoch völlig abstellen. Durch die Verwendung von 8 mm langen Schrauben statt der verbauten 10 mm langen drehen schließlich auch die Radachsen so, wie man sich das vorstellt.

chen Ersatzteile und vielen Informationen über die Behandlung des Modells und des Motors runden die Anleitung ab. Ein paar Fotos mehr würden jedoch insbesondere dem Serviceteil sehr gut tun.

Der Einbau der Fernsteuerungskomponenten gestaltet sich problemlos. Man muss die Radioplatte demontieren, um alle Komponen-

Fahrtest

Mit 5 mm Federvorspannung an der Hinterachse, 5%igem synthetischem Kraftstoff und einer mittelheißen Kyosho-Glühkerze wurde der Fahrtest unternommen.

Nach dem Ansaugen des Kraftstoffs sprang der Motor sofort an und lief mit korrekter Leerlaufdrehzahl. Die Fliehkraftkupplung kuppelt bei recht hoher Drehzahl ein, was zumindest bei den ersten Runden mit sehr fettem Gemisch das Gefühl des völligen Stillstands aufkommen lässt, da man selbst bei Vollgas bequem neben dem Modell herlaufen kann.

Ist dann jedoch die Düsennadel mithilfe eines Schlitzschraubenziehers korrekt eingestellt, entwickelt der Motor eine sehr ansehnliche Leistung und beschleunigt den Audi auf eine hohe Endgeschwindigkeit. Der Geradeauslauf ist dabei sehr gut, Bodenunebenheiten steckt das Fahrwerk sehr gut weg. Beim Anbremsen neigt das Modell bedingt durch den Hinterradantrieb zum Ausbrechen, wenn zu stark gebremst wird. Auch beim Beschleunigen aus der Kurve heraus ist eine Tendenz zum Ausbrechen der Hinterachse klar erkennbar, wenn zu viel Gas gegeben wird. Möchte man den TC-4 Nitro 2 WD sauber steuern, muss man den Gas-Brems-Finger am Sender recht vorsichtig bewegen, auch wenn der schöne Klang des Aggregats zu mehr animiert.

Schlussbetrachtung

Beim TC-4 Nitro 2 WD handelt es sich um ein hochwertiges Modell mit ansprechendem Qualitätseindruck und kompletter Ausstattung. Der Aufbau ist robust und durchdacht, ohne Experimente oder außergewöhnliche Details. Das gute Fahrwerk hat jedoch seine Mühe mit der hohen Leistung, die nur über die Hinterachse auf die Fahrbahn übertragen wird. Wer sein RC-Car häufiger benutzen will und viel Platz zur Verfügung hat, ist mit dem Audi bestens beraten. Möchte man auf der Rennstrecke fahren, empfiehlt sich die Nachrüstung des Allradantriebs. Ein Zubehörsatz mit allen notwendigen Teilen ist beim Hersteller erhältlich.

Carson CR-4 Porsche Super Cup (4 WD)

Artikelnummer: 13341
Klasse: –
Preiskategorie: 3

Neben der hier vorgestellten Karosserie bietet Carson die Modelle der Serie CR-4 auch mit anderen Tourenwagenkarosserien aus verschiedenen Serien sowie einer Renntruckkarosserie an. Das Fahrwerk ist mit Ausnahme der kürzeren Stoßdämpfer und dazu passenden Stoß-

Die Lenkhebel im Detail. Die Radachsen können auch für die 4-WD-Version weiterverwendet werden, sie haben bereits Aufnahmen für die Knochen.

Die Vorderachse mit 4-WD-Radachse und Stabilisator.

Carson CR-4 Porsche Super Cup

Das Design der Karosserie liegt als Aufkleber bei, lackiert wird nur die Farbe Weiß.

Der Unterboden ist fast glatt. Die Motorschrauben besitzen einen Linsenkopf, sodass der Porsche kaum an den Schraubenköpfen hängen bleiben kann.

dämpferbrücken identisch mit dem des Wild Thing. Es gilt also im Modell die Formel:

Porsche Cayenne + kürzere Stoßdämpfer + Karosserie = Porsche Carrera

Beim Redaktionsschluss für diesem Buch war eine Cayenne-Karosserie jedoch leider (noch?) nicht erhältlich.

Unter dem Namen CR-2 sind weitere Karosserievarianten mit Hinterradantrieb und ohne Zweiganggetriebe und kompletter Kugellagerung erhältlich.

Diese Modelle sind prinzipiell baugleich zu den Modellen der CR-4-Serie und unterscheiden sich nur durch diese Features von dem hier vorgestellten Porsche Carrera.

Ausstattung

Ausgerüstet mit Öldruckstoßdämpfern mit Metallgehäusen, einem kompletten Kugellagersatz, Stabilisatoren und Rechts-/Linksspurstangen tritt der Carson Porsche komplett ausgestattet an. Ein Motor mit 2,5 cm^3 Hubraum mit 0,53 kW (0,72 PS) gehört wie das Resonanzrohr ebenfalls zum Lieferumfang. Die Kraftübertragung erfolgt über ein Zweigang-Automatikgetriebe und Wellen auf alle vier Räder.

Die Reifen werden mit Schaumstoffeinlagen geliefert, die Bodenfreiheit ist mit je einer Madenschraube einzeln an allen vier Rädern einstellbar.

Zusammenbau

Dank des hohen Vorfertigungsgrads ist der Zusammenbau in recht kurzer Zeit zu bewerkstelligen. Die Bauanleitung beschreibt die auszuführenden Schritte mithilfe von Fotos und dreisprachigem Text. Im Anschluss an die Baubeschreibung findet sich ein Kapitel mit Tipps zur Einstellung des Automatikgetriebes und des Motors.

Der Einbau des Resonanzrohrs ist in der Bauanleitung leider nicht optimal erkennbar. Ansonsten wirft die Bauanleitung kaum Fragen auf. Alle Teile passen gut zusammen, es muss an keiner Stelle nachgearbeitet werden. Praktisch ist die Wahl der Karosseriebefestigung.

Es können neben den von Carson angebotenen Karosserien auch viele Tourenwagenkarosserien von Tamiya ohne größere Umbauarbeiten verwendet werden. Die Anpassung des Fahrwerks an die Breite der Karosserie erfolgt über Distanzscheiben, die dem Bausatz beiliegen. Dabei verfügt das Modell serienmäßig über eine Breite von etwa 180 mm, mit eingebauten Distanzscheiben beträgt die Breite etwa 185 mm.

Fahrtest

Ein großer roter Zettel im Baukasten fordert den neuen Besitzer des Porsche auf, keinesfalls die Einstellungen am Motor zu verändern, weil sie bereits ab Werk optimal gewählt seien. Da jedoch weder eine Glühkerze noch der Nitromethananteil des Kraftstoffs empfohlen wird, kann diese Forderung nicht ganz ernst gemeint sein. Trotzdem wurden die ersten Fahrtests mit der Baukasteneinstellung und mit einer Kerze OS A-3 sowie Synthetikkraftstoff mit 5% Nitromethananteil durchgeführt.

Nach einigen Startversuchen erwachte das Maschinchen zum Leben, drehte kurz sehr hoch und starb wieder ab. Mit fetterer Einstellung und einige Startversuche später konnte dann der Fahrtest beginnen. Der Porsche ist dabei nicht wirklich leise, der Resonanzschalldämpfer sorgt für einen sehr kernigen Klang.

Wie auch bei den anderen Carson-Modellen ist das Anlassen des Motors in warmem Zustand nicht ganz einfach zu bewerkstelligen, eine Startbox leistet hier wertvolle Hilfe (siehe auch Kapitel „Start your engines ...").

Das Fahrwerk des Porsche überzeugt durch die gute Grundeinstellung aus dem Baukasten und ein neutrales Fahrverhalten. Durch den berühmt-berüchtigten Gasstoß in der Kurve heißt es zwar „Heckschwenk marsch", es sei an dieser Stelle jedoch angemerkt, dass nichts muss, aber alles kann: Der Motor wirkt für das Gewicht des Modells ausreichend dimensioniert, sodass bei ruhigem Gasfinger eine zügige Gangart an den Tag gelegt werden kann, und wer darüber hinaus noch die letzten 10–15% Leistung abfordert, der kann auch driften, schleudern oder eben abfliegen.

Die Vorderachse mit Stoßdämpfern und Stabilisator.

Das fahrbereite Chassis des Porsche unterscheidet sich nur geringfügig von dem des Carson Wild Thing.

Das Zweigangautomatikgetriebe des Carson Porsche Carrera. Der Vergaser weist auch eine Einstellmöglichkeit für das Leerlauf-/ Übergangsgemisch auf.

Über einen Konus übertragen die Achsen die Kraft auf die Mitnehmer. Einen Stift gibt es nicht.

Schlussbetrachtung

Der Porsche 911 GT3 von Carson ist ein gelungenes Modell. Der Zusammenbau funktioniert reibungslos, und die Karosserie ist gelungen. Die Ausstattung des Baukastens ist sehr gut, sodass der Hobbyfahrer in absehbarer Zeit keine Tuningteile benötigen wird.

Ist der Motor erst einmal angesprungen und eingestellt, kommt auch beim Fahren Freude auf. Die Leistung des Motors entlockt dem Porsche ansehnliche Fahrleistungen, und das gut abgestimmte Fahrwerk mit den vielen Einstellmöglichkeiten empfehlen den Carson Porsche für alle, die ihr schnelles Modell auch außerhalb der Vitrine bewundern wollen.

HPI Super Nitro RS4 Rally Subaru Impreza WRX STI

Artikelnummer: 463
Klasse: –
Preiskategorie: 5

Ausstattung

Bei diesem Rallyecrossmodell handelt es sich um einen Zwitter aus Offroader und Onroader: Reifen und Federwege sind größer als beim

Der Lieferzustand.

Wer braucht Straßen?

Nach einigen Tankfüllungen auf staubigem Untergrund ist der Glanz dahin.

reinen Straßenmodell, jedoch noch nicht so groß wie bei reinrassigen Buggys. Das Reifenprofil eignet sich sowohl für den Betrieb im leichten Gelände als auch für Fahrten auf der Straße, wobei hier der Verschleiß höher ist als bei herkömmlichen Straßenreifen.

Um dem erweiterten Anwendungsgebiet Rechnung zu tragen, sind der Empfänger und der Empfängerakku in einer vor Spritzwasser und Schmutz geschützten Box untergebracht.

Das Modell wird als reiner Bausatz ohne vorgefertigte Baugruppen geliefert. Im Baukasten enthalten sind der Motor mit 2,5 cm³ Hubraum, ein Resonanzrohr inklusive Krümmer sowie ein kompletter Kugellagersatz mit 18 gekapselten Kugellagern. Diese Kugellager und die meisten Schrauben sind metrisch, was angesichts der Herkunft des Modells bemerkenswert ist.

Das Modell kann in 280 und 300 mm Radstand gebaut werden, der hier vorgestellte Subaru hat den langen Radstand. Eine weitere Bauvariante ist ein Nachlaufwinkel von 8° an der Vorderachse, der durch die Verwendung ebenfalls beiliegender Achsschenkel eingestellt werden kann.

Zusammenbau

Die Bauanleitung ist reich bebildert und beschreibt auf 19 Seiten den Zusammenbau des Modells in deutscher, englischer, französischer und japanischer Sprache. Sie wird ergänzt durch

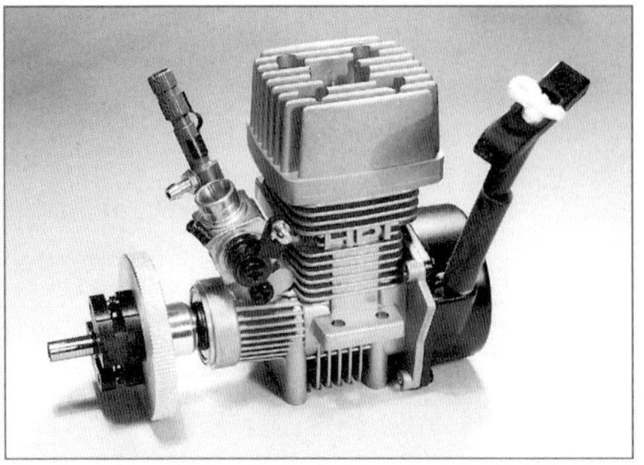

Der Motor des Subaru weist viele Kühlrippen auf.

Das fahrbereite Chassis des Modells.

Nach dem Lösen von zwei Splinten kann die Radioplatte vom Modell abgenommen werden. Im hinteren Bereich ist sie nur eingehakt. Trotzdem ist die Befestigung sehr sicher.

Die Unterseite des Subaru ist glatt, selbst die Motorschrauben sind gesenkt. Das Hauptzahnrad wird von einem Lexanteil vor Schmutz geschützt.

Ein Blick auf das Gas-Brems-Servo.

Das Modell ohne Tank und RC-Einbau.

eine Explosionszeichnung des Modells, in der alle Teile mit Teilenummer angegeben sind. Darüber hinaus sind alle im Baukasten enthaltenen Teile abgebildet. Der Serviceteil beschreibt die Einstellung des Gas-Brems-Gestänges und die Inbetriebnahme des Modells; eine Tabelle mit möglichen Fehlerursachen rundet die komplette Bauanleitung ab. Bemerkenswert ist, dass hier die Verwendung von Schraubensicherungslack empfohlen wird, der dem Baukasten jedoch nicht beiliegt. Im Bausatz ist ein Sechskantschlüssel für alle verwendeten

Schrauben- und Muttergrößen enthalten. Der Einbau der Fernsteuerungskomponenten bereitet im Wesentlichen keine Probleme. Um jedoch ein Lenkservo einbauen zu können, das höher als 28 mm ist, müssen zusätzliche Teile verwendet werden. Das ist notwendig, weil ein zu tiefes Servo gegen einen Steg stößt und nicht korrekt verschraubt werden kann. Dieses Vorgehen ist nicht in der Bauanleitung beschrieben, funktioniert jedoch in der Praxis. Es empfiehlt sich, einen weicheren Servosaver für das Gas-Brems-Gestänge zu erwerben, da das serienmäßige Teil zu straff ist und in der Praxis nicht ganz überzeugen kann: Durch die hohen übertragenen Kräfte kann sich der Anlenkhebel auf dem Vergaserküken verdrehen, sodass sich die Leerlaufeinstellung unter Umständen von selbst verstellt.

Die Reifen des Subaru sind laufrichtungsgebunden, worauf die Bauanleitung ausdrücklich hinweist und außerdem empfiehlt, zur Montage auf die Felgen Sekundenkleber zu verwenden. Nach dem ersten Fahrtest zeigte sich, dass diese Aufforderung unbedingt befolgt werden sollte, insbesondere bei den Hinterreifen. Die Gestaltung der Karosserie erfolgt anhand einer gesondert abgepackten Anleitung und gelingt dank der beiliegenden Aufkleber ohne Probleme.

Dank der langen Querlenker und der langen Stoßdämpfer ist die Bodenfreiheit des Modells recht hoch.

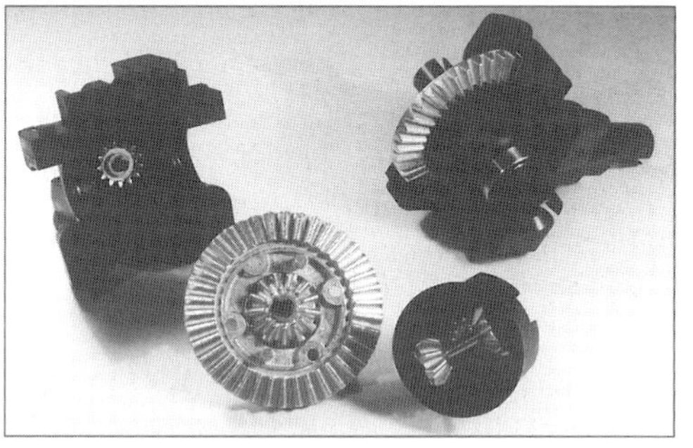

Das Kegelraddifferenzial des Modells.

Fahrtest

Gemäß Betriebsanleitung sollte die Düsennadel vor dem Start etwa drei Umdrehungen geöffnet werden. Mit einem Kraftstoff mit 5% Nitromethananteil und synthetischem Öl springt der Motor in kaltem und warmem Zustand rasch an und läuft mit etwas magererem Gemisch sehr konstant. Entgegen der Betriebsanleitung empfiehlt es sich aus Gründen der besseren Kühlung, das Modell nicht aufgebockt eine Tankfüllung im Leerlauf verbrauchen zu lassen, sondern gleich mit niedrigen Drehzahlen ein oder zwei Tankfüllungen zu verfahren. Das Modell reagiert spontan auf Lenkbewegungen und bietet einen guten Geradeauslauf auf Asphalt und Schotter. Die Bremse lässt sich gut dosieren und hat keine Mühen damit, alle Räder auf Schotter zum Blockieren zu bringen.

Genau wie das Vorbild ist der HPI Subaru relativ kurz untersetzt und beschleunigt somit sehr gut, bei Vollgas erscheint die serienmäßige Untersetzung dann jedoch etwas zu kurz. In Kurven auf Schotter neigt das Modell zum relativ gut beherrschbaren Übersteuern, während auf Asphalt zumindest bei mittleren Geschwindigkeiten ein sehr viel neutraleres Kurvenverhalten beobachtet werden kann. Bei schneller Fahrt auf Asphalt neigt der Subaru durch die langen Federwege zum Aufschaukeln und Ausbrechen nach dem Ausweichen vor Hindernissen. Hilfreich sind hier die als Tuningteil angebotenen Stabilisatoren, alternativ kann natürlich der Federweg begrenzt werden, falls man ohnehin nur auf Asphalt unterwegs ist (siehe dazu Kapitel „Fahrwerkeinstellung und Tuningmöglichkeiten"). Hier stellt sich die Frage, warum es im RC-Car-Bereich keine Fahrwerke gibt, die analog zu denen der automobilen Oberklasse den Aufbau mit steigender Geschwindigkeit absenken ... Das Dämpfungsverhalten der serienmäßigen Öldruckstoßdämpfer ist gut. Das Modell liegt auf unebenem Untergrund ziemlich ruhig und es haben meist alle Räder Bodenkontakt. Der Geradeauslauf ist auch auf einer solchen Piste gut, das Modell versetzt selbst nach dem Überfahren von größeren Steinchen kaum.

Schlussbetrachtung

Beim Subaru Impreza aus der Serie Super Nitro RS4 Rally gelingt der Spagat zwischen Onroad und Offroad gut. Das Modell lässt sich problemlos montieren und zeigt gute Fahrleistungen auch etwas abseits der Straße, was insbesondere für Hobbyfahrer interessant ist, die nicht ausschließlich auf dem Parklatz am Supermarkt fahren wollen. Die Konstruktion macht einen robusten Eindruck, gerade der gekapselte Allradantrieb über Kardanwellen hat die Schlechtwegeprüfung leicht gemeistert. Der Motor ist absolut problemlos in der Handhabung und entwickelt gute Leistungen.

Kyosho V-One S McLaren BMW F1 GTR

Artikelnummer: 31114
(Anreißstarter) bzw. 31114T
(Elektrostarter)
Klasse: LRP, KWC
Preiskategorie: 5
(Anreißstarter und Elektrostarter)

Ausstattung

Einen kompletten Bausatz mit allem, was den Zusammenbau erleichtert und den Fahrspaß erhöht, erhält man beim Erwerb dieses Modells: Ein vollständiger Satz Kugellager und ein leistungsstarker Motor GS-15 mit 2,5 cm^3 Hubraum sind ebenso enthalten wie alle notwendigen Inbusschlüssel und doppelseitiges Klebeband.

Der V-One S baut auf einem Aluminiumchassis mit gesenkten Bohrungen auf und wartet mit fast allen Features seines Rennbruders V-One R auf: Eine komplett einstellbare Vorderachsgeometrie (Vorspur, Sturz, Nachlaufwinkel, Einfederwegbegrenzung), eine vielfach verstellbare Hinterachse (Vorspur, Sturz, Ein- und Ausfederweg) und viele Fahrwerksteile gleichen denen des V-One R. Zur Komplettierung des Modells kann eine RC-Anlage mit

Das fahrbereite Modell.

Mithilfe der Clips (Pfeile) kann der Nachlaufwinkel der Vorderachse eingestellt werden.

Bei abgenommener Karosserie ist das auf dem Kopf montierte Lenkservo gut erkennbar.

Die Scheinwerfer werden von innen gegen die Karosserie geklebt.

In der Box hinter dem Ein-Aus-Schalter befinden sich Empfänger und Akku.

handelsüblichen Standardservos und einem Akkupack mit vier Mignonzellen verwendet werden, für alle Komponenten ist ausreichend Platz im Chassis vorhanden.

Das hier vorgestellte Modell hat eine vorbildgetreue Karosserie des Mc Laren F1, das Chassis ist darüber hinaus mit verschiedenen anderen Karosserien aus der FIA-GT-Meisterschaft erhältlich.

Zusammenbau

Die Bauanleitung ist dreisprachig und beschreibt in 40 Schritten die Montage des Modells und die Lackierung und Verzierung der Karosserie. In der Einleitung wird die Größe der verwendbaren Servos angegeben, was sehr praktisch ist, denn es erleichtert die Auswahl dieser Teile im Modellbauladen. Im Anschluss an die Baubeschreibung gibt es einige Hinweise zum Umgang mit dem Motor, die jedoch etwas sparsam dosiert sind.

Der Zusammenbau gestaltet sich durch die anschaulichen Bilder unproblematisch. Überall dort, wo besondere Aufmerksamkeit gefordert ist, wird dies auch deutlich hervorgehoben.

An vielen Stellen in der Bauanleitung fehlt der Hinweis auf die Verwendung von Schraubensicherungslack. Insbesondere zur Befestigung des Motors am Chassis ist die Sicherung der Schrauben sehr ratsam.

Der Einbau der Fernsteuerungskomponenten gestaltet sich unproblematisch, weil für den Empfänger und die Stromversorgung ein ausreichend großes Gehäuse zur Verfügung steht.

Das Hinterradgetriebe mit Bremse.

Ein Blick auf die Vorderachse, bevor Stoßdämpfer und Radioplatte eingebaut werden.

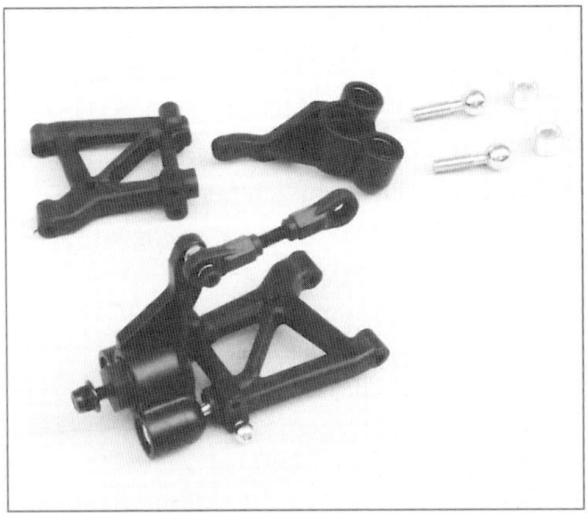

Die Bestandteile der Hinterradaufhängung.

Es ist spritzwassergeschützt und wird durch einen Splint verschlossen, sodass Empfänger und Akku schnell herausnehmbar und dennoch sicher mit der Radioplatte verbunden sind.

Fahrtest

Der Motor erwacht recht problemlos nach wenigen Zügen am Anreißstarter zum Leben, öffnet man die Düsennadel etwa 2,5 Umdrehungen. Dabei benötigt der Motor jedoch etwas mehr Gas als Leerlauf, um nicht sofort wieder abzusterben. Um Enttäuschungen zu vermeiden, empfiehlt sich die Verwendung von Kraftstoff mit mindestens 12% Nitromethananteil; weniger erschwert die Einstellung des Motors.

Das Warmstartverhalten ist gut, jedoch sollte man zum Starten zunächst etwas mehr Gas geben, das nach dem Anspringen jedoch sofort wieder zurückgenommen werden kann.

Ist der Motor erst einmal warm, offenbart sich eine Schwäche: Die Anordnung der Düsennadel ist etwas ungeschickt, selbst mit schlanken Fingern verbrennt man sich beim Verdrehen der Düsennadel. Möglich und empfehlenswert ist die Verwendung eines Schlitzschraubenziehers zur Variierung der Düsennadeleinstellung, eine entsprechende Nut ist in die Düsennadel eingespritzt.

Im Fahrbetrieb auf Asphalt zeigt der V-One S auf Anhieb, das heißt mit der Baukastenabstimmung, ein ordentliches Fahrverhalten. Der Geradeauslauf ist gut, und in den Kurven schiebt das Modell gutmütig über alle vier Räder nach außen, verändert man die Stellung des Vergaserkükens nicht wesentlich. Einen sanften Gasstoß in der Kurve quittiert der V-One S mit gut beherrschbarem Untersteuern, der Kurvenradius vergrößert sich also. Kräftige Gasstöße werden mit einem Schwenk der Hinterachse nach außen quittiert, wobei dies gut dosierbar ist und das Modell mit etwas Übung einfach abgefangen werden kann: Der Showeffekt ist also vorhanden. Etwas heftiger sind die Reaktionen des V-One S beim Einsatz der Bremse beim Durchfahren einer Kurve. In engen Kurven führt eine Vollbremsung zum

Ausbrechen des Hecks, das nur schwer wieder eingefangen werden kann. Dabei sei erwähnt, dass die Bremsanlage hervorragende Verzögerungswert erreicht, sodass das Modell beim Ausbrechen eigentlich schon fast zum Stillstand gekommen ist.

Die Beschleunigung ist vehement, auch die Höchstgeschwindigkeit liegt jenseits dessen, was Zuschauer und sicher auch Einsteiger erwarten. Dabei erscheint die Baukastenuntersetzung gut gewählt, weil beim maximalen Beschleunigen anfangs alle vier Räder kurz durchdrehen und der Motor bei Höchstgeschwindigkeit nicht unterfordert scheint. Außer der Leistung muss demnach auch das Drehmoment der Maschine vergleichsweise hoch liegen. Nebenbei erwähnt ist auch der Klang des Motors angenehm. Das heißt nicht, dass der GS-15 flüstert, aber in Verbindung mit dem serienmäßigen Resonanzrohr klingen die 2,5 cm³ schön kernig.

Es empfiehlt sich, die Vorspur der Hinterachse auf etwa 1° einzustellen und den Nachlaufwinkel der Vorderachse zu erhöhen, um das Fahrverhalten bei hoher Geschwindigkeit beherrschbarer zu machen. Außerdem empfiehlt sich eine Reduzierung der Federvorspannung an der Hinterachse, um insbesondere die Tendenz zum Ausbrechen beim Beschleunigen in Kurven zu verringern.

Schlussbetrachtung

Mit dem V-One S bietet Kyosho ein rundherum gelungenes Modell an: Angefangen beim problemlosen Zusammenbau über die hohen Fahrleistungen bis hin zu der gut detaillierten Karosserie stimmt hier alles.

Wer trotz der ohnehin hohen Fahrleistungen mehr Leistung und Geschwindigkeit benötigt, erhält viele Tuningteile, um seinen V-One S nach und nach zu einem Rennwagen auszubauen. Um auch am D-Cup und dem GM-Racing Grand Prix teilnehmen zu dürfen, muss der Serienmotor gegen ein Aggregat mit 2,11 cm³ ausgetauscht werden.

Graupner Super Mini Impuls 4 WD

Artikelnummer: 4857
(ohne Motor) bzw. 4857.M (mit Motor)
Klasse: OR10
Preiskategorie: 4 (beide)

Der Graupner Super Mini Impuls fertig zum Geländeeinsatz.

Empfänger und Empfängerakku sind in der dunklen Box neben dem Motor untergebracht.

Der Motor des Impuls: ein OS MAX 15 RX.

Das vormontierte Chassis, wie es aus dem Bausatz kommt.

Beim Blick aufs Heck fallen die langen Stoßdämpfer und der Stabilisator auf.

Ausstattung

Mächtig professionell erscheint der Graupner Super Mini Impuls, der mittlerweile schon ein paar Jahre nahezu unverändert angeboten wird, was durchaus als Indiz für die Qualität dieses Fahrzeug gewertet werden darf.

Das Modell wird in zwei Versionen angeboten, mit und ohne Motor. Der hier vorgestellten Version mit Motor liegt ein OS MAX 15 RX mit Heckauslass und ohne Anreißstarter bei. Ebenfalls im Bausatz enthalten sind ein passender Krümmer und ein Resonanzrohr.

Der Bausatz ist weitestgehend vormontiert. Es müssen noch der Motor mit Auspuff montiert, die Stoßdämpfer befüllt und die Fernsteueranlage eingebaut werden. Die umfangreiche Bauanleitung beschreibt darüber hinaus auch die Montage des restlichen Modells, was für den Fall der Reparatur sehr hilfreich ist. Der Zusammenbau der Kupplung und der Einbau des Motors in das Modell könnten jedoch etwas ausführlicher beschrieben sein.

Angefangen bei den bis auf die Motorschrauben versenkten Schraubenköpfen auf der Unterseite des rot eloxierten Chassis aus einer sehr leichten und stabilen Aluminiumlegierung über die große Bodenfreiheit bis hin zu den langen Schwingen: Der Super Mini Impuls bietet viele Details, die für den Renneinsatz notwendig sind. Dazu zählen ein Stabilisator an der Hinterachse, ein kompletter Satz Kugellager und die Möglichkeit, die Vorspur auch an der Hinterachse einzustellen. Leider zählen Rechts-/Linksspurstangen nicht zum Lieferumfang. Der Allradantrieb erfolgt über drei Planetendifferenziale, die Kraftübertragung vom Mitteldifferenzial zu den Getriebegehäusen übernehmen Wellen aus Stahl. Verzögert wird dieses Modell durch eine Bremsanlage mit einer gelochten Bremsscheibe aus Stahl und zwei Bremsbacken mit aufgeklebten Bremsbelägen. Die ebenfalls rot eloxierten Dämpferbrücken bieten vorne zwei und hinten drei Aufhängungspunkte für die Stoßdämpfer mit Aluminiumgehäusen.

Eine Radioplatte gibt es beim Super Mini Impuls nicht. Eine schmale Aluminiumplatte verbindet das vordere Getriebegehäuse mit dem hinteren und dem Zentraldifferenzial. Im vorderen Teil des Modells ist zwischen dieser Platte und dem Chassis eine weitere Aluplatte angebracht, die die Servos aufnimmt. Hier hat es wohl eine Veränderung gegeben, zumindest entspricht das in der Bauanleitung abgebildete nicht dem tatsächlich mitgelieferten Teil, sodass die Anlenkung des Schiebevergasers nach eigenem Ermessen aufgebaut werden muss.

Eine Kunststoffbox hinten im Modell nimmt den Empfänger, das Akkupack und den Ein-Aus-Schalter spritzwassergeschützt auf.

Der Spoiler des Super Mini Impuls besteht aus einem sehr robusten Kunststoff und ist bereits serienmäßig blau eingefärbt.

Fahrtest

Mit dem hier standardmäßig verwendeten 5%igen Synthetikkraftstoff, einer 2,5 Umdrehungen geöffneten Düsennadel und der Baukastenabstimmung zeigte der Super Mini Impuls auf einer Piste aus kurzem Gras und fester Erde, was in ihm steckt.

Der Motor springt kalt wie warm gut an, benötigt zum Starten jedoch einen Elektrostarter, da er nicht über einen kräftezehrenden Anreißstarter verfügt.

Das Maschinchen entwickelt eine Leistung, die sich sehen lassen kann, sowohl Drehmoment als auch Leistung, das heißt Topspeed, liegen auf sehr hohem Niveau. Dabei ist der Klang zwar kernig und nicht leise, fällt jedoch nicht unangenehm auf. Richtig interessant wird es erst bei der Verwendung von Kraftstoff mit mindestens 16% Nitromethan.

Das Fahrwerk ist schon im Ausgangszustand sehr gut ausgelegt: Bei nicht übermäßigem Gaseinsatz ist das Fahrverhalten auf beiden Untergründen neutral bis leicht untersteuernd, durch gezielte Gasstöße lässt sich das Heck kontrolliert nach außen schwenken.

Das Schluckvermögen der langen Stoßdämpfer ist sehr gut, selbst auf ziemlich unebenem Untergrund versetzt das Fahrzeug kaum und liegt relativ ruhig. Sprünge lassen sich gut meistern, je nach Neigungswinkel des Spoilers und Absprunggeschwindigkeit landet der Super Mini Impuls entweder auf allen vier Rädern gleichzeitig oder zuerst auf der Hinter-

Bei der Verwendung eines Schiebevergasers geht es recht eng zu beim Gas-Brems-Gestänge.

Das Modell ohne Karosserie.

achse. Der Verschleiß ist sehr gering, obwohl das Modell gerade auf staubigem oder matschigem Untergrund stark verschmutzt.

Schlussbetrachtung

Abgesehen von den fehlenden Rechts-/Linksspurstangen handelt es sich beim Graupner Super Mini Impuls um einen professionellen Offroadbuggy im Maßstab 1:10. Die Auswahl der Materialien und Features wie die versenkten Schraubenköpfe auf der Chassisunterseite, der lange Federweg und die großen Bodenfreiheit unterstreichen diesen Anspruch. Vor diesem Hintergrund fällt die Kritik über die kleinen Ungenauigkeiten in der Bauanleitung und die fehlenden Hinweise zum Einstellen des Motors leiser aus, da man unterstellen muss, dass der Käufer eines solchen Modells über entsprechende Erfahrungen verfügt.

Kyosho V-one R

Artikelnummer: 31011
Klasse: je nach verwendetem Motor D-Cup, KWC, GM
Preiskategorie: 5

Ausstattung

Den klaren Anspruch, hier ein Rennmodell anbieten zu wollen, unterstreicht Kyosho mit dem Erscheinungsbild und der Ausstattung des Baukastens: In einem Karton in neutralem Beige, kleiner als eine Schuhschachtel, wird das Fahrzeug ohne Motor, Auspuff und Karosserie geliefert.

Ein Zweiganggetriebe, komplette Kugellagerung und Stoßdämpfer mit Aluminiumgehäuse gehören ebenso zum Lieferumfang wie die Achskonstruktion, bei der sich an allen vier Rädern Sturz, Vorspur und Einfederweg einstellen lassen. An der Hinterachse findet sich zusätzlich ein Ausfederwegbegrenzer, an der Vorderachse kann der Nachlaufwinkel eingestellt werden.

Der Tank, der Empfängerakku und das Lenkservo sind exakt auf der Längsachse des Modells positioniert, sodass das Fahrzeug um die Längsachse sehr ausgewogen ist.

Es fällt auf, dass der V-one R keine Kardangelenke an der Vorderachse und keine Stabilisatoren aufweist. Diese Teile sind jedoch als Tuningteile erhältlich. Um das Modell in Betrieb zu nehmen, benötigt man neben einer RC-Anlage einen Motor mit 2,11 cm³ Hub-

Zum Renneinsatz fehlt nur noch die Karosserie.

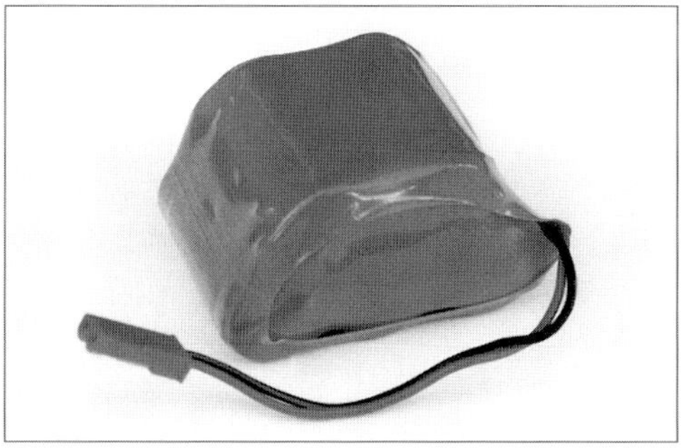

Der V-One R benötigt einen besonderen Empfängerakku.

Vor dem Luftfilter das Bremsgestänge, dahinter läuft das Gasgestänge.

Das Getriebe im Detail. Die Bremsscheibe versteckt sich rechts unterhalb der Übergangsschraube des Vergasers.

Zur Kraftübertragung auf die Vorderräder werden normale Knochen verwendet.

Die Hinterradaufhängung.

raum, einen Auspuffkrümmer und einen Resonanzschalldämpfer. Sowohl Heckauslass- als auch Seitenauslassmotoren können verwendet werden. Für OS- und Enya-Motoren liegen Träger bei, andere Motoren können montiert werden, falls der Abstand der Befestigungslöcher am Motor den genannten Typen entspricht. Bei der Wahl der RC-Anlage sollte darauf geachtet werden, dass der V-One R für fünfzellige Empfängerakkus in „3+2 Huckepackbauweise" konzipiert ist. Zur Verwendung eines Standardempfängerakkus mit vier Mignonzellen muss die Akkuhalterung nachgearbeitet werden.

Zusammenbau

Die hohe Passgenauigkeit der gut verarbeiteten Teile und die sehr präzise Bauanleitung vereinfachen den Zusammenbau, der auch einen Einsteiger nicht vor nennenswerte Probleme stellen dürfte.

Je nach Vergaser kann es notwendig sein, dass eine kleine Aussparung an der Radioplatte angebracht werden muss, um die Bewegung

Die Bremsbacken in Großaufnahme. Die Öffnung im Chassis wird nicht verschlossen.

Jetzt noch eine Karosserie montieren, dann kann das Rennen starten.

Tank, Lenkservo und Empfängerakku (nicht sichtbar) liegen exakt auf der Längsachse des Modells, um die Trägheit um diese Achse zu reduzieren und Radlastschwankungen durch den Kraftstoffverbrauch zu vermeiden.

des Vergaserkükens nicht einzuschränken. Etwas Vorsicht ist geboten bei der Einstellung der Länge der Spurstangen: Hierbei hält man sich besser an die Millimeterangaben und nicht an die abgedruckten Abbildungen, da diese nicht immer exakt maßstäblich sind. Bei der Wahl der Karosserie bestehen eigentlich keine Restriktionen. Es können alle Karosserien mit 200 mm Breite und 262 mm Radstand verwendet werden, zum Beispiel die von Kyosho angebotenen und sehr vorbildähnlichen Karosserien des V-One R oder der Pure-Ten-Serie.

Fahrtest

Ausgestattet mit einem OS MAX 12 CV-R purple mit 2,11 cm³, der beiliegenden Glühkerze OS Nr. 8 sowie einem GM-Racing-Resonanzrohr mit Kyosho-Krümmer ist der V-One R einsatzfertig.

Das Modell überzeugt in der Baukastenabstimmung durch einen tadellosen Geradeauslauf und einem bei niedrigeren Geschwindigkeiten recht neutralen Kurvenverhalten. Bei höheren Geschwindigkeiten tendiert der V-One R am Kurvenende beim Beschleunigen zum Übersteuern.

Durch eine leichte Erhöhung der Vorspur und des Sturzes an der Hinterachse sowie durch etwas weniger Federvorspannung hinten lässt sich dem Modell dieses Verhalten weitestgehend abgewöhnen. Je nach Untergrund kann es auch hilfreich sein, die oberen Querlenker der Hinterachse am Getriebegehäuse weiter unten zu befestigen. Es sei hier der Vollständigkeit halber erwähnt, dass diese Modifikationen eher für den Einsatz im Rennen oder bei schnellen Runden auf der Rennstrecke gedacht sind; bereits in der Baukastenabstimmung erreicht das Modell Kurvengeschwindigkeiten weit jenseits der meisten anderen hier vorgestellten Modelle. Das Zweiganggetriebe arbeitet tadellos und lässt sich einfach einstellen, die Baukastenuntersetzungen harmonieren sehr gut mit der Charakteristik des Motors.

Die Bremse mit einer Stahlbremsscheibe und Bremsbelägen aus einem Kunststoff arbeitet ebenfalls zur vollen Zufriedenheit: Sie ist gut dosierbar und entwickelt selbst bei starker Beanspruchung sehr gute Verzögerungswerte.

Auch nach längerem Einsatz arbeitet der gesamte Antrieb sehr leichtgängig und spielarm, was den anfänglich beschriebenen sehr guten Eindruck von der Beschaffenheit der Materialien unterstreicht.

Schlussbetrachtung

Der V-One R ist ein reinrassiges Rennchassis. Das Konzept ist konsequent auf den Wettbewerb ausgerichtet, wobei sicher das eine oder andere Tuningteil erforderlich ist, um die viel zitierte Vollausstattung zu erreichen. Die verwendeten Materialien wirken alle sehr robust und langlebig, alle Komponenten arbeiten leichtgängig und spielarm. Im Fahrbetrieb bestätigt der V-One R seinen Rennanspruch. Das Fahrwerk ist vielfach einstellbar und ermöglicht es bei entsprechender Motorisierung, sehr schnell unterwegs zu sein.

GM-Racing/Graupner TC-4 Nitro International Pro 2 (4 WD)

Artikelnummer: 90096
(ohne Motor) bzw. 90096.OS (mit Motor)
Klasse: D-Cup, GM
Preiskategorie: 4 (ohne Motor) bzw. 5 (mit Motor)

Der TC-4 Nitro International Pro nach der Komplettierung.

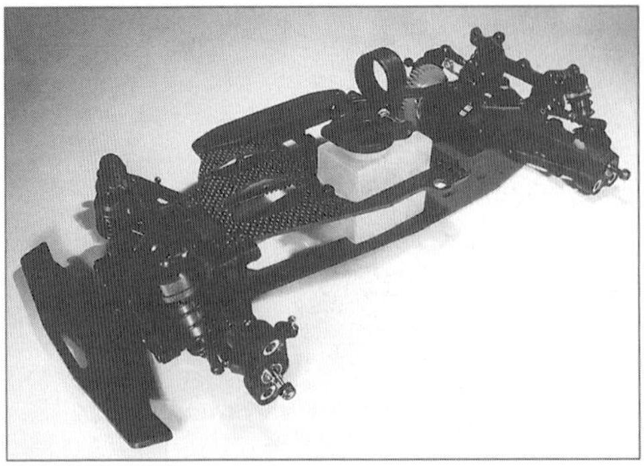

Für ein Wettbewerbsmodell eher ungewöhnlich ist der hohe Vorfertigungsgrad des TC 4 International Pro.

Vergaser-Brems-Anlenkung und Getriebe.

Bei der Vorderachse fallen zunächst die Kohlefaserteile und der Stabilisator auf. Bei genauerem Hinsehen erkennt man auch die Kardangelenke in den Lenkhebeln.

Ein Blick unter die Hinterachse zeigt die tiefer liegenden Motorschrauben und den noch nicht fixierten Verbindungsschlauch zwischen Krümmer und Resonanzrohr

Ausstattung

Da es hier um ein auf den Wettbewerb ausgerichtetes Fahrzeug handelt, wird es sowohl mit als auch ohne Motor angeboten. Wählt man die Version mit Motor, liegt dem vormontierten Modell ein OS MAX 12 CV-R purple mit 2,11 cm³ und einer Leistung von 0,735 kW (1,0 PS) bei 31.000 U/min bei. Darüber hinaus ist das Fahrzeug mit allem ausgestattet, was ein Modell schnell macht: Öldruckstoßdämpfer, eine komplette Kugellagerung, Resonanzrohr, Zweiggang-Automatikgetriebe, Halbkardanwellen an der Vorderachse, Stabilisatoren, Rechts-/Linksspurstangen und diverse Kohlefaserteile. Die Vorspur und der Sturz können an allen Rädern eingestellt werden, an der Vorderachse kann man darüber hinaus auch den Nachlaufwinkel verändern. Ebenfalls im Baukasten enthalten sind diverse Inbusschlüssel und ein Gutschein für ein kostenloses Probeexemplar der Zeitschrift „amt" (siehe Anhang). Nicht enthalten ist eine Karosserie.

Zusammenbau

Der Zusammenbau beschränkt sich auf die Montage der Räder und Reifen sowie den Einbau der Fernsteuerungskomponenten und des Motors samt Auspuff. Die Bauanleitung beschreibt trotz der für ein Modell dieser Klasse untypischen Vormontage den kompletten Zusammenbau, einzig die Befestigung des Gas-

Brems-Servos an der Radioplatte wird nicht gezeigt. Entgegen den Abbildungen der nachfolgenden Bauschritte sollte das Servo jedoch um 180° verdreht eingebaut werden, um den Schiebevergaser besser anlenken zu können. Am Ende der Bauanleitung finden sich Zeichnungen zur Erklärung der Einstellmöglichkeiten des Fahrwerks und Angaben über die empfohlene Grundeinstellung. Die Ausrichtung auf den Wettbewerb wird auch deutlich, wenn die Anleitung den Einbau eines fünfzelligen Empfängerakkus beschreibt. Hier können die normalen Mignonzellen aus Platzgründen nicht zum Einsatz kommen, es müssen kleinere Zellen in Reihe verlötet eingebaut werden.

Die Montage der Fliehkraftkupplung und des Motors ist problemlos möglich. Die korrekte Ausrichtung des Triebwerks in Längs- und Querrichtung gelingt dank der serienmäßigen Motorträger gut. Nicht ganz zufrieden stellend ist die serienmäßige Schwergängigkeit des vorderen Differenzials beim Testmodell. Nach der Demontage und nochmaligen Schmierung und Montage war dieses Problem jedoch beseitigt. Dass die Spritzlinge keine Nummerierungen aufweisen, wird dem hohen Anspruch des Modells ebenfalls nicht gerecht, dürfte den ambitionierten Modellsportler jedoch nicht vor unlösbare Probleme stellen.

Fahrtest

Betankt mit synthetischem Kraftstoff mit 12% Nitromethananteil und mit mittelheißer Glühkerze sprang der Motor spontan an. Die Fliehkraftkupplung ist recht straff und kuppelt deshalb erst bei höheren Drehzahlen ein, was für den Einsatz auf der Rennstrecke angemessen ist.

Die Beschleunigung und die Höchstgeschwindigkeit liegen in hohen Regionen, wozu letztlich auch der lang untersetzte zweite Gang beiträgt, der jedoch eine ziemlich lange Gerade erfordert. Die Verzögerung der Scheibenbremse ist sehr gut. In der serienmäßigen Abstimmung neigt das Modell beim Beschleunigen aus Kurven heraus zum Übersteuern, was

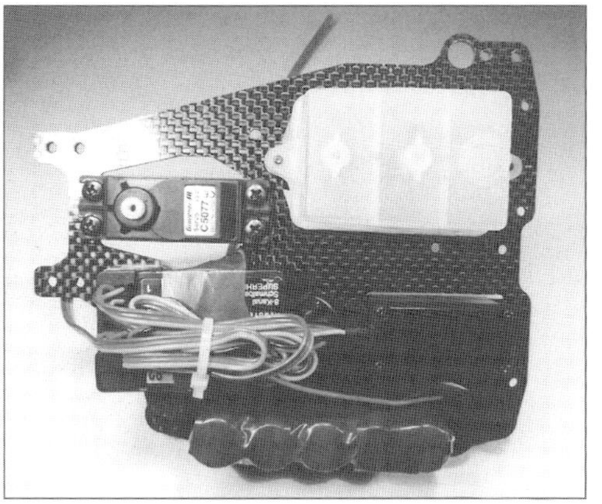

Von unten betrachtet erkennt man den fünfzelligen Empfängerakku an der Radioplatte recht gut.

Stoßdämpfer, Stabilisator, Kohlefaser: die Hinterachse.

Der Riemen zum Antrieb der Zwischenwelle verfügt über einen Riemenspanner. Durch die hinteren Felgen hindurch erkennt man die Madenschrauben, mit denen die Kugelgelenke in der hinteren Radaufhängung gehalten werden.

Auf die Kupplungsglocke werden die Ritzel nur aufgeschraubt. Der Vorteil: Beim Untersetzungswechsel muss man nicht die gesamte Kupplungsglocke austauschen.

Der OS MAX 12 CV-R purple darf auch im Rennen eingesetzt werden. Er mobilisiert 0,7 kW (1 PS).

Let's go racing: Karosserie montieren und los.

Das fahrbereite Chassis aus der Vogelperspektive.

Der Bauch des TC4 International Pro.

jedoch mit weicheren Federn an der Vorderachse und etwas schrägeren hinteren Stoßdämpfern wieder kompensiert werden kann.

Noch zahmer wird das Fahrverhalten durch die Erhöhung des Nachlaufwinkels und der Federvorspannung an der Vorderachse, wobei dies weniger für den Einsatz auf der Rennstrecke als vielmehr für das hobbymäßige Fahren und Sammeln erster Erfahrungen mit Modellen dieser Leistungsklasse hilfreich ist.

Alles in allem liegen die Fahrleistungen auf höchstem Niveau. Unter den hier vorgestellten Modellen hat der International Pro 2 nur im Kyosho V-one R einen direkten Konkurrenten.

Schlussbetrachtung

Mit dem International Pro 2 hat GM-Racing/Graupner ein erstklassiges Modell auf dem Markt. Die kleinen Ungenauigkeiten in der Bauanleitung und beim Zusammenbau fallen dem Wettbewerbsfahrer wahrscheinlich nicht auf und selbst der ambitionierte Hobbyfahrer dürfte keine Probleme beim Zusammenbau bekommen. Die vielfältigen Einstellmöglichkeiten des Fahrwerks machen das Modell auch für diejenigen interessant, die sich für die Auswirkungen von Fahrwerkseinstellungen auf das Fahrverhalten interessieren und dies ausführlich erfahren wollen. Der beiliegende OS-Motor entwickelt eine hohe Leistung und ein gutes Drehmoment, sodass sowohl die Beschleunigung als auch die Endgeschwindigkeit jenseits dessen liegen, was sich ein Hobbyfahrer vorstellt.

Gleichzeitig ist das Modell sehr gut beherrschbar und somit auch für Hobbyfahrer absolut geeignet.

Start your engines – der Betrieb eines Verbrennermodells

Der erste Start

Nachdem die Akkus der Fernsteueranlage und der Glühkerzenheizung aufgeladen sind und ein Reichweitentest durchgeführt wurde, kann der erste Start mit dem neuen Modell erfolgen. Zu diesem Zweck muss einiges aus der heimischen Werkstatt mitgenommen werden:

– das fahrfertige, unbetankte Chassis mit Karosserie und Karosseriebefestigungen
– den Sender der Fernsteuerung
– so vorhanden, ein zweites Quarzpaar, damit umgequarzt werden kann, wenn ein weiterer Modellsportler die gleiche Frequenz belegt
– einen sicher verschlossenen Kanister Kraftstoff
– eine Tankflasche, ebenfalls möglich ist eine große Spritze (50–100 ml), wie sie manchmal in Krankenhäusern oder Apotheken zu bekommen ist
– alle Werkzeuge, die zur Montage des Modells benötigt wurden, um Korrekturen und Einstellarbeiten durchführen zu können
– die Vorrichtung zum Heizen der Glühkerze, also entweder ein Glo-Starter, ein Power-Panel mit 12-V-Akku und Glühkerzenstecker oder ein 2-V-Akku, ebenfalls mit Glühkerzenstecker
– eine Ersatzglühkerze
– einen Glühkerzenschlüssel

- die Bau- und Betriebsanleitung mit Hinweisen zum Betrieb und einer Tabelle zur Fehlersuche
- falls das Modell keinen Anreißstarter besitzt, wird noch ein Elektrostarter oder ein umgedrehtes Fahrrad benötigt
- einen Putzlappen
- einen robuster Handschuh, mit dem notfalls auch heiße Teile berührt werden können
- eventuell einen Helfer, der beim Starten behilflich ist
- und nicht zuletzt: einen Fotoapparat, falls es das erste Modell ist

Für die Fahrversuche empfiehlt es sich, einen Verein anzusprechen, um sie auf dem Vereinsgelände sicher unternehmen zu können. Viele Vereine bieten Tageskarten zur Benutzung ihrer Rennstrecke für ein paar Euro an. Man wird dort auf Anfrage auch meist jemanden finden, der sich das Modell noch einmal anschaut und auf etwaige Montagefehler untersucht oder bei Problemen hilft.

Sollte kein Verein in der näheren Umgebung sein, so tut es auch ein großer leerer Parkplatz, beispielsweise von großen Industrieunternehmen, Bau- oder Einkaufsmärkten. Der Wendehammer am Ende der Straße ist dagegen eher ungeeignet für die ersten Fahrversuche.

Ist das richtige Gelände gefunden, beginnen die Startvorbereitungen. Zunächst wird das Modell betankt, dazu saugt man mit der Tankflasche etwas Kraftstoff aus dem Kanister und spritzt ihn in den Kraftstofftank des Modells. Beim Betanken darf man auf gar keinen Fall rauchen und muss darauf achten, dass kein Kraftstoff ins Erdreich gelangt. Wenn etwas Kraftstoff auf das Modell tropft, empfiehlt es sich, ihn gleich wegzuwischen, damit kein Schmutz am Öl haften bleiben kann und das Modell somit beim Fahren nicht so verdreckt wird. Alle Gefäße, in denen Kraftstoff aufbewahrt wird, müssen als solche gekennzeichnet sein und dürfen keinesfalls Schmutz enthalten. Auch beim Betanken ist auf Sauberkeit zu achten, denn Sand im Tank ist für den Motor tödlich. Um auf Nummer Sicher zu gehen, bieten nahezu alle Hersteller als Zubehör Kraftstofffilter an, die in den Spritschlauch vom Tank zum Motor eingesteckt werden. Jetzt wird die Fernsteuerung eingeschaltet und noch

Ein geeigneter Parkplatz, um das Modell zu testen: keine Autos, keine Fußgänger und genug Fläche.

Zunächst wird Kraftstoff in die Tankflasche gesaugt oder gegossen ...

... und dann in den Tank des Modells gespritzt.

Ein nützliches Zubehör: der Glühkerzenschlüssel.

Nach wenigen Zügen sollte der Motor anspringen.

Zum Ansaugen betätigt man die Pumptaste einige Male, bis der erste Kraftstoff durch den Schlauch in den Vergaser gelangt ist.

Läuft der Motor, wird das Modell gut festgehalten und die Glühkerzenheizung entfernt.

einmal geprüft, ob die Funkverbindung zwischen Sender und Fahrzeug störungsfrei funktioniert. Wie ein solcher Reichweitentest am besten durchgeführt werden kann, ist weiter vorn im Kapitel „Wissenswertes zu Motoren und Modellen", Abschnitt „Betriebssicherheit ..." beschrieben.

Wenn man später die Glühkerze vorheizt, kann es vorkommen, dass die Servos zu zittern beginnen: Dies passiert meist bei elektronisch geregelten Power-Panels und ist, sofern das Zittern nicht zu extrem auftritt, ungefährlich, da der Stecker ja wieder entfernt wird, wenn der Motor läuft.

Vor dem Heizen der Glühkerze schraubt man sie aus dem Zylinderkopf heraus und schließt sie an den Glühkerzenstecker an. Sie sollte hellrot glühen. Leuchtet die Glühkerze nur schwach oder gar nicht, ist wahrscheinlich der Glühakku entladen oder zu schwach, leuchtet sie kurz sehr hell und danach nicht mehr, so haben Sie jetzt eine funktionierende Glühkerze weniger – die Kerze ist durchgebrannt. Ursache dafür ist eine zu hohe Stromstärke. Um die Stromstärke zu reduzieren, kommen je nach eingesetzter Heizvorrichtung unterschiedliche Möglichkeiten in Betracht:

- Bei 2-V-Glühakkus reduziert man am einfachsten die Stromstärke, indem man das Zuleitungskabel zum Glühkerzenstecker verlängert.
- Bei Power-Panels kann man den Strom durch einen Drehregler justieren.
- Glo-Starter bieten hier leider keine Möglichkeit.

Der Umrüstsatz auf Elektrostarter von Carson.

Der Carson Wild Thing mit Elektrostarter.

Statt Anreißstarter wird ein Elektromotor mit Getriebe am Motor angeflanscht. Die Glühkerze und der Motor werden dann von dem externen Akku mit Strom versorgt.

Zum Starten wird das Handteil mit Akku an den Stecker im Heck angedockt und die rote Taste gedrückt.

Glüht die Kerze richtig, kann sie wieder in den Zylinderkopf eingeschraubt werden. Dazu empfiehlt sich ein Glühkerzenschlüssel, der von mehreren Herstellern angeboten wird und bereits für rund 5 Euro zu haben ist. Die meisten Schlüssel bieten auch die Möglichkeit, Ersatzglühkerzen in das Gehäuse einzuschrauben und sie somit vor Beschädigungen zu schützen. Schließen Sie jetzt die Düsennadel und öffnen sie wieder 2,5 bis 3 Umdrehungen weit. Zum Ansaugen von Kraftstoff haben viele Hersteller Handpumpen in die Tanks integriert, ist das bei Ihrem Modell nicht der Fall, gibt es eine einfache Alternative: Halten Sie den Auspuff zu und ziehen Sie mehrmals am Anreißstarter. Dabei saugt der Motor den Kraftstoff recht zügig an. Jetzt wird der Vergaser wieder in Leerlaufstellung gebracht und der Starter ein- bis zweimal zur Hälfte herausgezogen. Anschließend setzt man den Glühkerzenstecker auf und heizt die Glühkerze. Halten Sie das Modell nun gut fest und ziehen den Starter ruckartig etwa 30–40 cm heraus, bis der Motor anspringt. Vermeiden Sie es, den Starter ganz herauszuziehen, um die Rückholfeder nicht zu beschädigen.

Sehr viel eleganter sind eingebaute Elektrostarter. Bei Modellen im Maßstab 1:10 bestehen diese Systeme in der Regel aus einem Elektromotor mit Getriebe, der anstelle des Anreißstarters am Motor angeschraubt wird. Zum Starten wird eine Handeinheit mit einem 7,2-V-Akku an das Modell angeschlossen, ein Tastendruck bewirkt, dass gleichzeitig die Glühkerze vorgeheizt und der Elektromotor betrieben wird. Carson und Kyosho bieten für

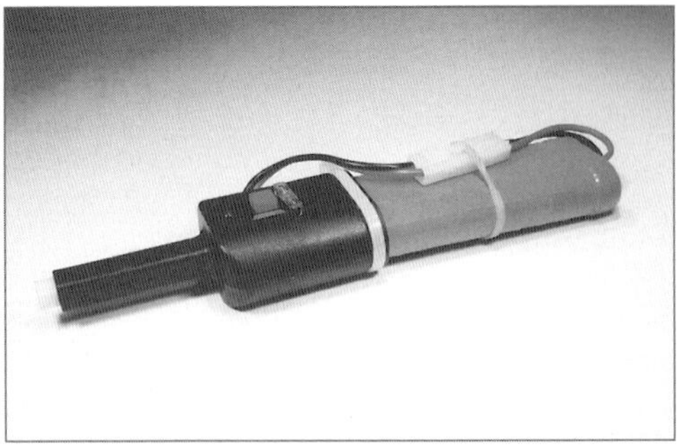

Das Handgerät der Elektrostarteinheit von Carson mit Akku im Detail.

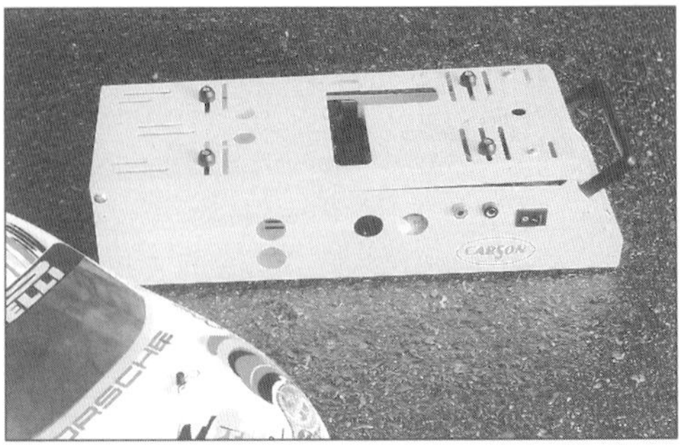

Auch die Startbox von Carson ist mit zwei Motoren ausgerüstet, die die Starterscheibe antreiben.

Kyosho bietet für den V-One S ebenfalls einen Elektrostarter an. Das Bild zeigt das Herzstück des Systems, den Verbrennungsmotor mit angeflanschtem Startmotor.

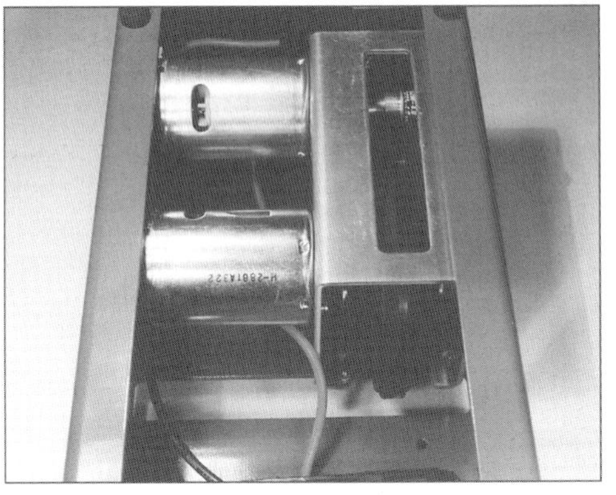

Im Innern der Startbox, hier die recht leichte von GM Racing, sind meist ein oder zwei starke Elektromotoren eingebaut, die die Starterscheibe antreiben.

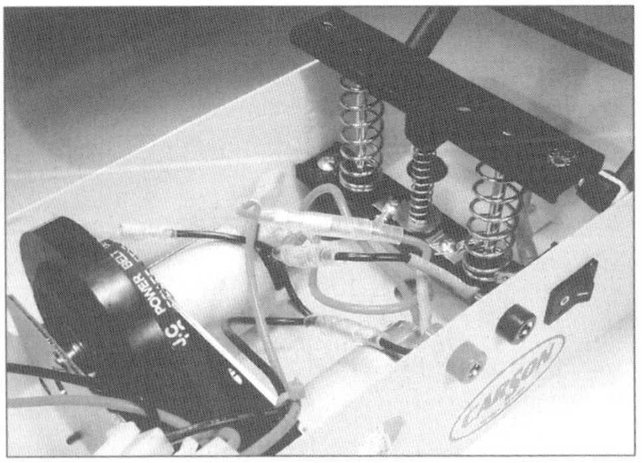

▲
Praktisch an der Carson-Box sind die verschiedenen Anschlussmöglichkeiten der Spannung: Es können zwei sechszellige Akkupacks, ein Bleiakku oder eine externe 12-V-Batterie angeschlossen werden. Unter dem Griff lässt sich optional ein Power Panel einbauen, über das die Glühkerze mit Spannung versorgt wird.

ihre Modelle Elektrostarter an. Von Carson ist ein kompletter Umbausatz erhältlich, der für alle Carson-Modelle in diesem Buch passt. Er enthält den Elektromotor mit Getriebe, eine modifizierte Radioplatte und den Handgriff mit Taster, in dem der Startakku befestigt wird. Der Umbau am Modell ist innerhalb kurzer Zeit problemlos durchzuführen. Bei Kyosho sind die Modelle der Serie V-One S wahlweise mit Anreiß- oder Elektrostarter erhältlich. Das Startersystem mit Elektromotor heißt bei Kyosho „Touch Starter". Einen Umbausatz auf Elektrostarter bietet Kyosho nicht an.

In der Konzeption ist das Kyosho-System ähnlich dem von Carson, nur dass es hier keinen Taster zum Starten gibt, sondern der Startermotor direkt beim Aufsetzen des Akkus mit Strom versorgt wird. Dabei befindet sich der Widerstand, der die Glühkerze mit dem korrekten Strom versorgt, nicht in der Startereinheit, sondern im Modell. Gerade bei Modellen, die zum Spaß betrieben werden und nicht im Rennen, ist ein eingebauter Elektrostarter durchaus sinnvoll. Die paar Gramm Mehrgewicht fallen beim Fahren nicht negativ auf, dafür sind die beschriebenen Systeme enorm komfortabel. Außerdem wird kein Akku mehr zum Vorglühen der Kerze benötigt, da sowohl bei Kyosho als auch bei Carson die Glühkerze über das Elektrostartsystem mit Strom versorgt wird. Sollte der Motor keinen eingebauten Starter aufweisen, muss ein Elektrostarter verwendet werden. Idealerweise ist dieser Elektromotor in eine so genannte Startbox eingebaut: Sie besteht aus einem robusten Gehäuse, auf dessen Oberseite das Modell mithilfe einiger Stifte fixiert wird. Beim Hinunterdrücken des Modells reibt die Starterscheibe der Startbox an der Schwungscheibe des Motors und startet diesen. Komfortable Startboxen haben einen Schalter in die Modellhalterung integriert, sodass der Elektromotor beim Hinunterdrücken des Modells automatisch eingeschaltet wird. Die Stromversorgung der Startboxen erfolgt entweder durch eingebaute Akkupacks oder durch den Anschluss an die Pkw-Batterie. Beim Kauf einer Startbox, die ein sehr komfortables und empfehlenswertes Zubehör auch für Modelle mit Anreißstarter ist, muss darauf geachtet werden, dass die Anordnung der Starterscheibe mit der Einbaurichtung des Motors im Modell übereinstimmt. Die hier abgebildeten Startboxen von Carson und Graupner/GM-Racing können beide Motorpositionen bedienen. Um ein Modell mit Längsmotor zu starten, wird die gesamte Elektromotor-Starterscheiben-Einheit um 90° verdreht ins Startboxgehäuse eingebaut. Vor der ersten Benutzung der Startbox muss man unbedingt die Drehrichtung der Starterscheibe kontrollieren. Während Motoren ohne Anreißstarter auch eine

Der Pfeil zeigt die Starterscheibe, die direkt unter der Schwungscheibe des Motors laufen muss.

Zum Starten wird die Glühkerze vorgeheizt, das Modell auf der Startbox fixiert und kurz hinuntergedrückt.

verkehrte Drehrichtung unbeschadet überstehen, zerstört sie bei Motoren mit Anreißstarter den Starter und eventuell auch Teile des Motors. Doch was tun, wenn man keine Pkw-Batterie zur Verfügung hat, weil einem das Auto um die Batterie herum fehlt oder der Fahrradgepäckträger unter der Last der 72-Ah-Batterie kollabiert? Kein Problem: Man nehme Vaters neues Rennrad, drehe es um und kurbele langsam an den Pedalen. Nun hält man die Schwungscheibe des Motors vorsichtig an das drehende Hinterrad des Fahrrads. Die Glühkerzenheizung sollte natürlich angeschlossen sein. Der Reifenverschleiß des Fahrrads ist leicht erhöht, je nach Reifenbreite und Lage der Schwungscheibe kann dieses Verfahren unter Umständen nicht immer eingesetzt werden. Je nach Dauer der Startversuche kann es sein, dass zu viel Kraftstoff in den Brennraum gelangt. Dies ist daran zu erkennen, dass sich der Motor nicht mehr mit normalem Kraftaufwand drehen lässt. Man hat das Gefühl, die Maschine blockiert. Jetzt darf man die Startversuche unter keinen Umständen mit Gewalt fortsetzen, weil man sonst einen schweren Motorschaden riskiert. Stattdessen schrauben Sie die Glühkerze heraus, drehen das Modell um und lassen den Kraftstoff aus dem Brennraum auf einen Lappen tropfen. Sollte das noch immer nicht reichen, um den abgesoffenen Motor auszutrocknen, wird der Kraftstoffschlauch vom Vergaser abgezogen und mit einer M3-Schraube verschlossen. Dann wird der Luftfilter abgenommen, die Glühkerze erneut herausgeschraubt und Vollgas gegeben. Drehen Sie das Modell wieder auf den Kopf und drehen den Motor zum Beispiel mit dem Anreißstarter mehrere Male durch, bis aller Kraftstoff aus dem Motor herausgespritzt ist. Legen Sie dabei wieder einen Lappen unter. Anschließend wird die Glühkerze wieder eingeschraubt, erneut vorgeglüht und gestartet. Ist der Motor angesprungen, nimmt man nach etwa fünf Sekunden den Glühkerzenstecker ab. Dabei sollte der Motor mit gleicher Drehzahl weiterlaufen. Wenn der Motor beim Gasgeben nur träge reagiert und dabei blau qualmt sowie im Leerlauf durch sinkende Leerlaufdrehzahl auszugehen droht, ist das jetzt ganz richtig: Die Einstellung ist sehr fett und damit ideal zum Einlaufen des Motors. Sollte der Motor auch nach längeren Startversuchen nicht anspringen, hilft die folgende Tabelle bei der Fehlersuche.

Startprobleme beheben

Mögliche Ursache	Mögliche Lösung
Die Kraftstoffzufuhr ist fehlerhaft.	Prüfen Sie, ob der Tank den richtigen Kraftstoff enthält, ob alle Schläuche richtig angeschlossen, dicht und ohne Knicke verlegt sind. Der Kraftstoffschlauch sollte bis vor den Vergaser mit Kraftstoff gefüllt sein, kleine Blasen sind zulässig.
Die Kerze glüht nicht richtig.	Prüfen Sie, ob die Glühkerze richtig glüht, ob die richtige Glühkerze eingebaut ist und ob der Kontakt zwischen Kerzenstecker und Glühkerze sicher ist.
Die Vergasereinstellung stimmt nicht.	Prüfen Sie, ob die Düsennadel 2,5 bis 3 Umdrehungen geöffnet ist, ob der Vergaser fest mit dem Motorgehäuse verschraubt ist und ob der Luftfilter eventuell verstopft ist.
Es ist die falsche Glühkerze eingebaut.	Prüfen Sie, ob der Wärmewert der Glühkerze zum Kraftstoff und zur Außentemperatur passt (siehe 1. Kapitel).
Der Schlauch am Ende des Auspuffs zum Wegleiten des Abgases ist zu lang.	Ziehen Sie den Schlauch ab und probieren Sie, den Motor ohne Schlauch zu starten.
Die Standgaseinstellung stimmt nicht.	Bei abgenommenem Luftfilter soll ein etwa 1 mm breiter Spalt sichtbar sein. Sollte der Motor bei dieser Einstellung nicht anspringen, öffnen Sie den Vergaser mit der Sendertrimmung weiter (maximal zu einem Drittel).

Einlaufen des Motors

Die ersten beiden Tankfüllungen werden dazu eingesetzt, den Motor einlaufen zu lassen. In dieser Phase sollen sich die drehenden Teile im Motor einschleifen, das heißt „aneinander gewöhnen".

Die fette Einstellung sorgt dafür, dass mehr Öl als benötigt in den Motor gelangt und somit bei der anfänglich erhöhten Reibung alle Teile vor Beschädigungen schützt.

Während der ersten Tankfüllung sollte man immer zwischen Leerlauf (Standgas) und maximal einem Drittel Gas fahren und die Drehzahl innerhalb dieses Bereichs häufig verändern.

Bei der zweiten Tankfüllung kann schon mal längere Zeit mit Halbgas gefahren werden, aber auch hier wird die Drehzahl immer wieder variiert. Wenn die zweite Tankfüllung dann zu Ende geht, darf man den Gashahn ruhig einmal kurz ganz öffnen. Der Motor erhöht seine Drehzahl dabei immer noch recht träge.

Nach dem nächsten Tankstopp kann die Düsennadel schon etwas geschlossen werden, bis der Motor sauber und gleichmäßig läuft und spontan Gas annimmt. Vermeiden Sie aber auch in dieser Phase, länger als ein oder zwei Sekunden Vollgas zu geben.

Richtig eingelaufen ist der Motor nach der vierten oder fünften Tankfüllung, je nach Hubraum ist das Aggregat jetzt zwischen 40 und 60 Minuten gelaufen.

Um die richtige Motoreinstellung nach der Einlaufphase zu finden, ist die folgende Tabelle hilfreich.

Dabei ist zu beachten, dass man immer nur einen Parameter verstellt, dann einen weiteren Test unternimmt und anschließend, falls notwendig, eine andere Einstellung verändert. Dies hilft, den Zusammenhang von Ursache und Wirkung eindeutig zu erkennen, und erleichtert damit letztlich den gesamten Einstellungsvorgang.

Beim Einstellen des Vergasers, also der Düsennadel und der Leerlauf- beziehungsweise Übergangsnadel, werden stets nur sehr leichte Veränderungen vorgenommen. Bei einigen Motoren reicht bereits weniger als eine achtel Umdrehung, um eine spürbare Veränderung zu beobachten.

Der Motor sollte dann in allen Drehzahlbereichen sauber laufen und eine gute Leistung entwickeln.

Einstellen der Standgasschraube. In der Regel gilt: Hineindrehen erhöht die Leerlaufdrehzahl, herausdrehen verringert sie. Manchmal muss das Vergaserküken etwas in Richtung Vollgas bewegt werden, um das Hineindrehen der Standgasschraube zu ermöglichen.

Motoreinstellung

Problem	Mögliche Ursache	Abhilfe
Der Motor springt an und läuft im Leerlauf gleichmäßig, beim Gasgeben stirbt er aber ab.	Das Gemisch ist zu mager.	Öffnen Sie die Düsennadel um eine viertel Umdrehung.
Der Motor springt an, läuft kurz und geht wieder aus.	Das Gemisch ist zu fett.	Schließen Sie die Düsennadel um eine viertel Umdrehung.
	Die Glühkerze glüht nicht stark genug	Laden Sie den Glühkerzenakku oder erhöhen Sie den Strom am Power-Panel.
Der Motor springt an, dreht hoch, geht aus und lässt sich erst wieder starten, wenn Kraftstoff von Hand angesaugt wurde.	Das Gemisch ist zu mager.	Öffnen Sie die Düsennadel um eine halbe Umdrehung.
	Der Tank ist leer.	Betanken Sie das Modell.
	Der Kraftstoffschlauch ist geknickt oder undicht.	Prüfen Sie den Kraftstoffschlauch und erneuern ihn gegebenenfalls.
Der Motor springt an, geht jedoch nach dem Abnehmen der Glühkerzenklemme aus.	Das Gemisch ist zu fett.	Schließen Sie die Düsennadel um eine viertel Umdrehung.
	Der Wärmewert der Glühkerze ist zu niedrig.	Tauschen Sie die Glühkerze gegen eine wärmere Kerze.
Der Motor läuft sauber im Leerlauf, beim abrupten Gasgeben fällt die Drehzahl und der Motor geht aus.	Das Gemisch ist zu mager.	Öffnen Sie die Düsennadel ein wenig mehr.
Der Motor läuft sauber im Leerlauf, beim Gasgeben dreht er aber nur sehr widerwillig hoch und „verschluckt" sich dabei vielleicht sogar	Das Gemisch ist zu fett.	Schließen Sie die Düsennadel ein wenig..
Der Motor läuft bei Vollgas exzellent, beim Beschleunigen neigt er jedoch zum Stehenbleiben.	Das Übergangsgemisch ist zu mager.*	Öffnen Sie die Übergangsschraube ein wenig.
	Die Kerze ist zu heiß.	Setzen Sie eine Kerze mit niedrigerem Wärmewert ein.
Der Motor läuft bei Vollgas exzellent, beschleunigt aber sehr träge.	Das Übergangsgemisch ist zu fett.*	Schließen Sie die Übergangsschraube um eine viertel Umdrehung.
	Die Kerze ist zu kalt.	Setzen Sie eine Kerze mit höherem Wärmewert ein.
Das Modell fährt nach dem Starten des Motors von allein los.	Die Leerlaufdrehzahl ist zu hoch.	Schrauben Sie die Leerlaufschraube etwas heraus.
	Wenn das Modell bereits im Motorleerlauf sehr schnell losfährt:	Die Kupplung ist fehlerhaft montiert. Prüfen Sie, ob die Feder um die Kupplungsbacken korrekt montiert ist.

Zum Starten muss am Sender Gas gegeben werden, der Motor geht dann im Leerlauf aus, läuft sonst aber gut.	Die Leerlaufdrehzahl ist zu niedrig.	Schrauben Sie die Leerlaufschraube etwas hinein.
Der Motor läuft im Prinzip sauber in allen Drehzahlbereichen. Bei Vollgas schwankt er jedoch zwischen zwei Drehzahlen, eventuell auch mit einem schnarrenden Klang.	Das Resonanzrohr ist nicht korrekt eingestellt: Der Motor geht nicht sauber in Resonanz.	Verkürzen Sie den Weg des Abgases vom Motor zur Auslassöffnung am Resonanzrohr, indem Sie den Schlauch zwischen Krümmer und Resonanzrohr verkürzen (in ca. 2-mm-Schritten).
Der Motor läuft ein paar Minuten gut, bringt dann aber immer weniger Leistung oder geht aus.	Der Motor ist überhitzt.	Sorgen Sie durch Einschnitte in der Karosserie für mehr Luftzirkulation. Falls die Kühlrippen des Motors quer zur Fahrtrichtung stehen, lösen Sie den Zylinderkopf und befestigen Sie ihn um 90° verdreht.**
Der Anreißstarter blockiert beim Anlassen.	Es ist zu viel Kraftstoff im Brennraum.	Schrauben Sie die Glühkerze heraus und ziehen ein paar Mal am Starter.
	Das Gewinde der Glühkerze ist zu lang.	Setzen Sie eine Kerze mit kürzerem Gewinde ein oder legen Sie zwei Unterlegscheiben zwischen Kerze und Zylinderkopf.
Der Anreißstarter geht zu leicht.	Die Glühkerze ist nicht richtig verschraubt.	Schrauben Sie die Glühkerze richtig fest.
	Der Starter ist defekt.	Fühlt man beim Drehen des Schwungrades eine deutliche Kompression, liegt ein Fehler am Starter vor. Tauschen Sie den Starter gegen ein Ersatzteil oder versuchen Sie, ihn zu reparieren.

* nur bei Vergasern mit getrennten Vollgas-Teilgas-Düsennadeln
** nicht bei allen Motoren möglich

Anhalten des Motors

Wenn die Nacht hereinbricht, sich ein allzu menschliches Bedürfnis anmeldet oder einfach die Zeit gekommen ist, um wieder nach Hause zu gehen, stellt sich die Frage, wie man den Motor am besten anhält. Dazu gibt es verschiedene Möglichkeiten:

1. Den Tank leer fahren. Kurz bevor der Tank leer ist, wird der Motor kurz hochdrehen und anschließend ausgehen. Also niemals das Modell ohne angezogene Bremse auf der Strecke stehen lassen und abwarten, bis der Tank leer ist, denn ein hochdrehender Motor lässt die Fliehkraftkupplung einkuppeln und das Modell wird unkontrolliert losfahren.
2. Nach Abnehmen des Luftfilters im Leerlauf den Vergaser mit einem Finger zuhalten. Dabei ist Vorsicht geboten, damit nicht aus Versehen heiße Motorteile berührt werden. Der Vergaser selbst wird normalerweise jedoch höchstens handwarm.
3. Den Kraftstoffschlauch kurz vor dem Vergaser abklemmen. Der Motor wird auch bei

dieser Methode kurz hochdrehen, das Modell muss also gut festgehalten werden. Außerdem sollte man den Schlauch nicht versehentlich vom Vergaser abziehen. Dies ist die eleganteste Methode, den Motor abzustellen.

4. Den Auspuffschlauch zudrücken. Der Motor stirbt langsam ab. Leider säuft der Motor bei dieser Methode in der Regel ab, sodass zu viel Kraftstoff im Brennraum zurückbleiben kann, was den nächsten Start erschwert.
5. Im Notfall kann der Motor auch „ausgetreten“ werden: Dazu wird mit der Schuhsohle die Schwungscheibe von unten vorsichtig angehalten. Ebenfalls geeignet ist ein Putzlappen. Die Verletzungsgefahr ist bei dieser Methode verhältnismäßig hoch, aber es kann in Ausnahmefällen notwendig sein, den Motor sofort zu stoppen, was allein auf diese Weise gewährleistet ist. Von der Verwendung schwereren Geschützes wie beispielsweise einer Rohrzange wird dringend abgeraten: Durch das zu abrupte Stoppen der Kurbelwelle sind die Kräfte zwischen Kurbelwelle und Kolben so hoch, dass es zu fatalen Motorschäden kommen kann, zum Beispiel durch ein reißendes Pleuel.

Nach der letzten Fahrt wird das Modell gekippt, um möglichst den gesamten Rest Kraftstoff absaugen zu können

Auch das Öl, das sich im Schalldämpfer gesammelt hat, sollte nach der letzten Fahrt herauslaufen

Nach der ersten Ausfahrt

Auch ein noch so schöner Tag ist einmal zu Ende, dann sind vor der Heimfahrt und anschließend in der heimischen Werkstatt einige Nachbereitungen vorzunehmen.

Vor dem Einpacken des Modells sollte zunächst der restliche Kraftstoff aus dem Tank gesaugt werden, um Überschwemmungen des Kofferraums auf der Heimfahrt zu vermeiden. Zwar sind die heutigen Tanks in der Regel dicht, jedoch kann Kraftstoff auch durch den Drucktankanschluss über den Auspuff entweichen oder durch den Vergaser austreten.

Kippen Sie anschließend das Modell so, dass das Öl im Auspuff durch das Endrohr auf einen Putzlappen auslaufen kann, und verschließen das Endrohr danach mit einem Stückchen Küchenkrepp.

Wenn der Motor nur noch höchstens handwarm ist, kann das Modell in ein altes Handtuch eingewickelt und verladen werden. Somit ist das Risiko, später über die Herkunft von Ölflecken im Kofferraum diskutieren zu müssen, relativ gering.

Zu Hause angekommen wird das Modell, sofern noch nicht geschehen, sorgfältig von Ölresten gesäubert und einem kleinen Service unterzogen. Im folgenden Kapitel befassen wir uns unter anderem damit, wie so eine Inspektion durchgeführt werden kann.

In die Werkstatt bitte: Wartung und Pflege

Am Ende des Renntages

Je nachdem, ob Sie ein Offroad- oder Onroadmodell besitzen, sollten die nun beschriebenen Servicearbeiten mehr oder weniger oft durchgeführt werden: Wer sein Onroadmodell nur bei bestem Wetter auf einer sauberen Rennstrecke bewegt, wird vieles nur recht selten durchführen müssen. Wer sich dagegen erst bei strömendem Regen und matschiger Piste richtig wohl fühlt, muss sich darauf einstellen, dass der Wartungs- und Reinigungsaufwand etwas höher ist. Vom Einsatz zurückgekehrt, sollte zunächst das Chassis mit einem Putzlappen von Öl- und Schmutzresten gesäubert werden. Wird der Lappen mit Reinigungsbenzin getränkt, löst sich der Schmutz leichter. Beim Arbeiten mit dieser Chemikalie muss man für eine gute Belüftung des Raumes sorgen, am besten arbeitet man gleich im Freien. Ebenfalls sinnvoll ist ein Schutzhandschuh, damit das Benzin die Haut nicht angreift und austrocknet.

Trotz aller Abgasschläuche und Vorsicht beim Betanken bleibt es nicht aus, dass einige Teile des Modells durch den Staub-Öl-Film stark verschmutzen. Je nach Grad der Verschmutzung muss das Modell mehr oder weniger intensiv gepflegt werden, will man lange

Freude an dem Fahrzeug haben. Sinn dieser Reinigung ist zunächst der schöne Anblick eines sauberen Modells, darüber hinaus werden Verschleiß und Beschädigungen rechtzeitig erkannt und können ausgebessert werden. Gerade die Komponenten des Antriebs, insbesondere das Getriebe, sollten gepflegt werden, um die Fahrleistungen des Modelle konstant und das Risiko eines verschleißbedingten Ausfalls niedrig zu halten.

Im Folgenden wird die Reinigung des kompletten Modells beschrieben, wie sie je nach Einsatzort und Betriebszeit, mindestens jedoch vor dem Einmotten im Winter, durchgeführt werden sollte. Die Reihenfolge orientiert sich dabei an der Vorgehensweise beim erneuten Zusammenbauen des Modells und kann daher je nach Modell etwas abweichen, für die Reinigung der einzelnen Teile gilt jedoch für alle Modellen das Gleiche.

Hier zunächst eine Tabelle mit Reinigungsmitteln, die sich für die Reinigung von Modellen besonders gut eignen.

Darüber hinaus sind für die Reinigung ein Pinsel, eine kleine Zahnbürste und ausreichend Putzlappen notwendig.

Bevor eine Generalreinigung durchgeführt wird, sollte man sich vergewissern, ob der Zusammenbau des Modells in der Bauanleitung dokumentiert ist. Falls nicht und falls man sich den Zusammenbau aus dem Effeff nicht hundertprozentig zutraut, empfiehlt sich der Einsatz einer Videokamera. Das ist zwar eine etwas unkonventionelle, dafür aber sehr sichere Möglichkeit, die Demontage festzuhalten und dabei die einzelnen Tätigkeiten zu beschreiben, in etwa: „Jetzt baue ich das Rad ab, oh,

Verschiedene Reinigungsmittel. ▶

Reinigungsmittel

Reinigungsmittel	Anwendung
(Seifen-)Wasser	nur für nicht rostende Teile empfehlenswert
Pressluft	keine Einschränkungen
Alkohol/Spiritus	keine Einschränkungen
Autoshampoo	keine Einschränkungen
Petroleum	gegen Ölkruste auf Motorteilen
Reiniger für Leichtmetallfelgen	abhängig vom Produkt kann enthaltene Säure Aluminiumteile angreifen, vorher ausprobieren
Reinigungsbenzin	nicht auf lackierten Flächen der Karosserie anwenden; Verträglichkeit mit Kunststoff im Einzelfall prüfen
Nitroverdünner	ausschließlich für Metallteile verwendbar
Kaltreiniger	ausschließlich für Metallteile verwendbar; wegen hoher Giftigkeit und schwieriger Entsorgung am besten nicht einsetzen

nach dem Abziehen des Mitnehmers fällt hier so ein Stift heraus" – etwaige Probleme mit der Zuordnung dieses Stifts werden durch das Ansehen des Videobandes schnell beseitigt. Schrauben und Kleinteile verwahrt man dabei stets in einem Gefäß.

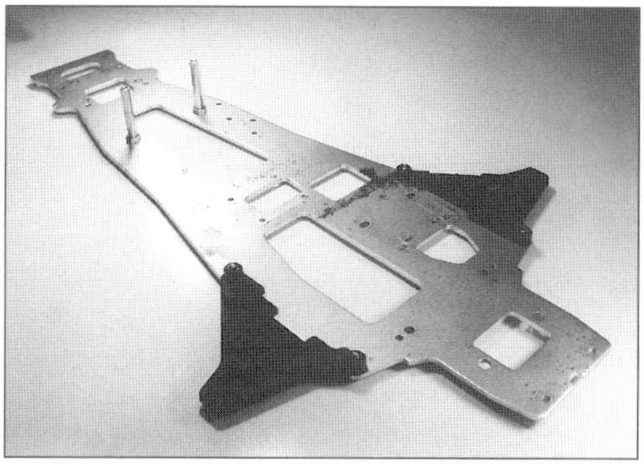

Das Chassis, fertig für die Reinigung.

Chassis und Fahrwerk

Zur gründlichen Reinigung wird das Modell zunächst gestrippt, das heißt der Motor mit Anbauteilen und die Radioplatte aus dem Modell entfernt. Falls möglich, können die Motorträger am Chassis verbleiben, was die Einstellung des Zahnflankenspiels beim späteren Zusammenbau etwas vereinfacht. Zur Verbesserung der Handlichkeit sollten man auch die Räder abmontieren, die je nach Verschmutzung mit einer Bürste oder einem Lappen abgewischt werden können. Lassen sich die Radmuttern sehr leicht lösen, sollte man sie später gegen neue austauschen, damit beim Fahren nicht plötzlich ein Rad eine andere Richtung einschlägt als der Rest des Modells. Bei der Verwendung von Reifeneinlagen und in verklebten Rädern darf man die Räder anschließend keinesfalls mit Wasser abwaschen, da sich die Feuchtigkeit sehr lange im Reifen hält und austretendes Wasser im Fahrbetrieb Schmutz bindet.

Falls die Lenkhebelbolzen aus Aluminium bestehen, können sie am Chassis montiert bleiben. Wenn Riefen (Pfeil) spürbar sein sollten, empfiehlt sich der Austausch dieser Teile.

Um das Modell später von Grund auf sauber und geprüft wieder zusammenzubauen, werden im nächsten Schritt alle übrigen Teile vom Chassis entfernt. Bestehen die Lenkhebelbolzen aus Metall, können sie wie alle anderen Metallteile am Chassis belassen werden. Jetzt kann man eventuell schon den ersten Verschleiß feststellen: Betrachten Sie die Lenkhebelbolzen, sie dürfen keine groben Riefen aufweisen. Die Riefen entstehen bei allen Lenkungen, die nicht kugelgelagert sind, nach einer gewissen Betriebszeit, da sich Staub und feiner Sand zwischen Umlenkhebel und Lenkhebelbolzen setzt und sich langsam, aber stetig in die Aluminiumteile schleift. Die Folge ist ein erhöhtes Spiel in der Lenkung.

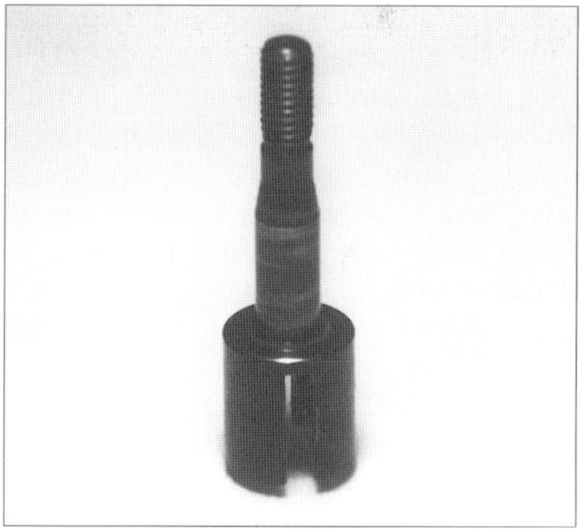

Diese Achse ist in Ordnung: An den hellen Stellen ist lediglich die schwarze, eloxierte Schicht abgerieben, Die Lagerstellen und die Aufnahme für die Knochen sind einwandfrei.

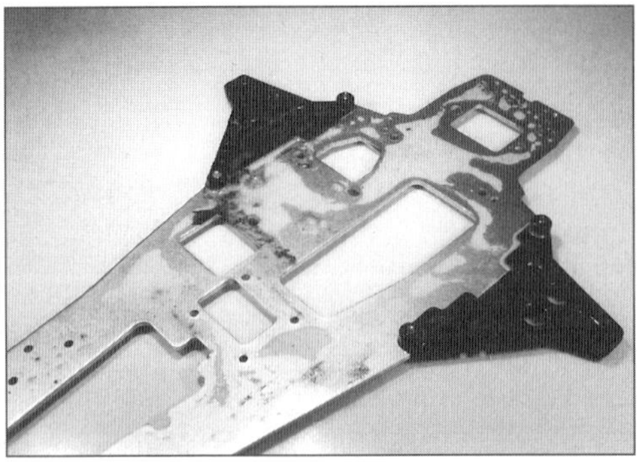

Nach der Demontage aller Teile wird das Chassis gereinigt.

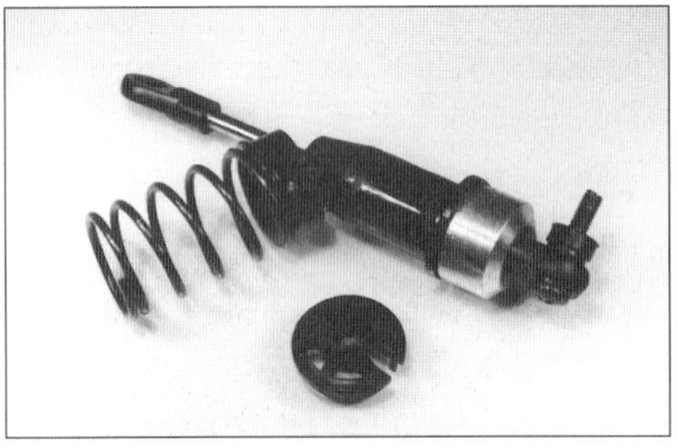

Der Stoßdämpfer nach Demontage der Feder. Die Ölspuren am Gehäuse deuten auf Undichtigkeit hin.

Sind die Riefen deutlich und ihre Tiefe sogar schon mit einem normalen Messschieber festzustellen, sollten sie zusammen mit den Umlenkhebeln ausgewechselt werden. Sind die Umlenkhebel mit Buchsen gelagert, braucht man natürlich nur die Buchsen und nicht die kompletten Lenkhebel auswechseln. Sind an diesen Teilen keine übermäßigen Verschleißspuren zu erkennen, reinigt man sie mit einem Lappen oder Küchen- oder Toilettenpapier und etwas Alkohol.

Im nächsten Schritt wird die Chassisplatte gereinigt, um das Modell bereits während der Reinigung wieder aufbauen zu können. Dazu wischt man das Chassis entweder mit einem benzin- oder nitrogetränkten Lappen ab oder sprüht es mit Leichtmetallfelgenreiniger ein und spült es danach im Waschbecken ab. Der Reiniger funktioniert für diesen Zweck meist hervorragend, er sollte jedoch nicht zu lange einwirken, da einige Substanzen das Aluminium angreifen und es fleckig werden lassen.

Nach dem sorgfältigen Abtrocknen – es darf keine Feuchtigkeit zurückbleiben – können die zuvor geprüften und gesäuberten Umlenkhebel wieder montiert werden. Falls notwendig, also bei gleitgelagerten Umlenkhebeln, wird sehr wenig Fett an die Lagerstellen gestrichen.

Zum gründlichen Trocknen von Metallteilen eignet sich der Backofen sehr gut: Man wärmt ihn auf etwa 50° (niedrigste Stellung) vor und lässt die Klappe einen Spalt offen, während die Teile auf einem Backblech trocknen.

Nun wenden wir unsere besondere Aufmerksamkeit den Achsen samt Getrieben zu. Zunächst werden die Stoßdämpfer abmontiert und mit Alkohol und einem Lappen gereinigt, die Feder und alle anderen geklipsten oder aufgeschobenen Teile müssen vom Stoßdämpfer abmontiert werden. Diese Teile brechen im Fahrbetrieb gerne von Zeit zu Zeit, man erkennt einen solchen Schaden jedoch sofort. Sehr wichtig ist die Funktion der Stoßdämpfer. Die Kolbenstange muss seidig weich hin- und herzubewegen sein und darf keinesfalls haken oder schaben. Falls bei der Bewegung Geräusche entstehen, die sich so anhören, wie wenn man Spucke durch die Schneidezähne drückt, ist nicht mehr genug Öl im Stoßdämpfer. Und wenn sich die Kolbenstange sehr leicht und ungedämpft bewegen lässt, ist wahrscheinlich überhaupt kein Öl mehr im Stoßdämpfer. Ein Indiz für den Ölverlust eines Stoßdämpfers ist oft ein übermäßig verschmutztes Äußeres, weil sich auf dem austretenden Öl viel Schmutz ansammelt.

Zur Reparatur muss der betreffende Stoßdämpfer geöffnet werden. War nur das sprudelnde Geräusch zu hören, kontrolliert man, ob das Öl im Stoßdämpfer noch seine ursprüngliche Farbe hat und frei von Fremdkörpern wie Staub oder Abrieb von den beweglichen Teilen ist. Ist dem nicht so, werden auch die drei übrigen Stoßdämpfer geöffnet, alle mit Alkohol und einem sauberen Lappen gereinigt und neu befüllt. Sieht das Öl dagegen noch recht neu aus, braucht man nur vom gleichen Stoßdämpferöl etwas auffüllen. Altöl muss übrigens ordnungsgemäß entsorgt werden! Da es sich jedoch nicht lohnt, wegen 20 ml Stoßdämpferöl eine Tagestour zu einer Schadstoffsammelstelle zu unternehmen, bewahrt man das alte Öl zunächst in einem sicheren Gefäß auf, bis genug zusammengekommen ist und bei Gelegenheit entsorgt wird.

Befindet sich hingegen gar kein Öl mehr im Stoßdämpfer, ist dieser wahrscheinlich undicht. Prüfen Sie dann zunächst, ob die Kolbenstange ganz glatt ist. Sind Riefen spürbar, sollte man die Kolbenstange und die Dichtringe austauschen. Sind die Kolbenstange und die Dichtringe in Ordnung, liegt die Ursache für den Ölverlust wahrscheinlich im oberen Verschluss des Stoßdämpfers. Auch hier muss die Dichtung einwandfrei sein, der Verschluss oder die Überwurfmutter muss sich leicht aufschrauben lassen und darf dabei natürlich nicht verkanten.

Spielte man bereits mit dem Gedanken, das Modell tiefer zu legen, wäre jetzt vor dem erneuten Befüllen der Stoßdämpfer eine gute Gelegenheit, das Vorhaben auszuführen. Einige Hinweise zu diesem Thema finden Sie im nächsten Kapitel. Bei der weiteren Demontage der Achse wird jetzt das Getriebegehäuse von außen gereinigt, damit beim Öffnen kein

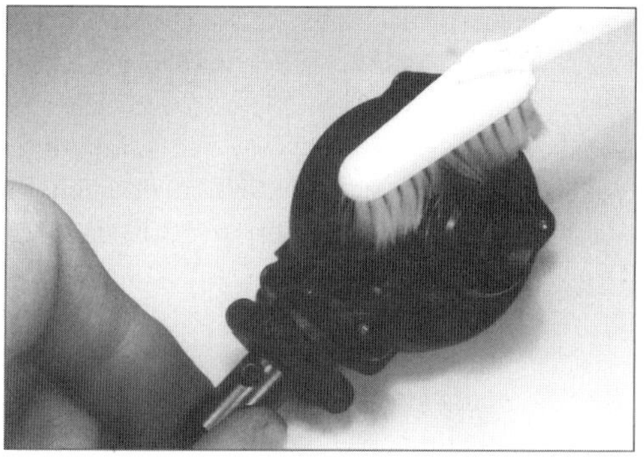

Zuerst wird das Getriebegehäuses von außen gründlich gereinigt, damit beim Öffnen kein Schmutz ins Innere des Getriebes gelangen kann.

Kein Handlungsbedarf: Die Zahnräder sind nicht verschlissen und es ist kein Schmutz ins Getriebe eingedrungen.

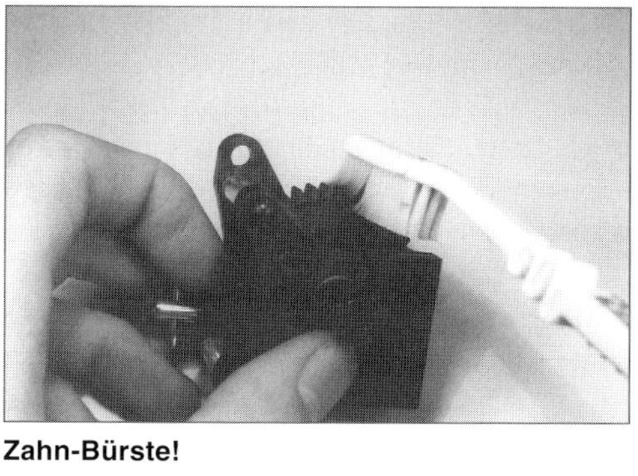

Zahn-Bürste!

Dieses Kugellager ist außen bereits stark verschmutzt.

Mit der Nadel wird der Sprengring entfernt ...

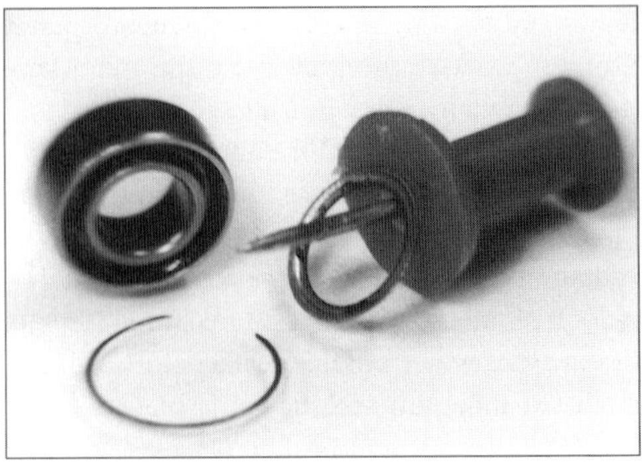

... dann kann die Abdeckung abgenommen werden.

Auch die Kugelgelenke in der Aufhängung müssen untersucht und gereinigt werden.

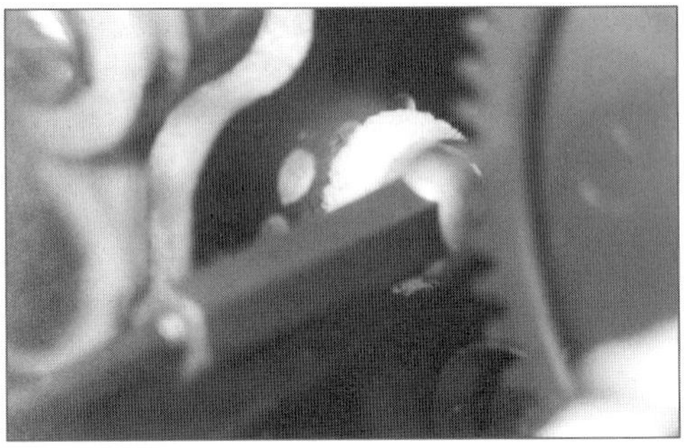

Kleine Schaumstoffringe zwischen Kugelkopf und Kugelpfanne schützen das Gelenk vor Beschädigung durch Schmutz.

Schmutz ins Innere gelangen und sich dort mit dem Fett vermischen kann. Nach dem Öffnen wird dann das Differenzial herausgenommen, geprüft und gereinigt. Die verbleibenden Teile der Achse kann man nun mit einer Bürste reinigen; bei ölverschmierten Teilen sollte sie komplett in ihre Einzelteile zerlegt und die Komponenten einzeln gereinigt werden. Hilfreich ist ein Eimer mit warmem Wasser, dem etwas Autoshampoo beigemischt ist. In ihm lassen sich die Kunststoffteile einweichen und mit einer Bürste gut reinigen. Vor dem Zusammenbau müssen die Teile sorgfältig abgetrocknet und am besten einige Zeit auf einer Heizung endgetrocknet werden, denn gerade in Bohrungen hält sich das Wasser sehr lange und verursacht Korrosion an Metallteilen, die dort gelagert oder eingeschraubt werden. Diese Metallteile sollten übrigens nicht unbedingt in diesen Eimer gelegt, sondern besser mit einem Lappen und Alkohol abgewischt werden.

Beim Zusammenbau werden alle gereinigten Zahnräder wieder eingefettet, bei Modellen mit Allradantrieb oder Heckantrieb über eine Kardanwelle, bei denen das Differenzial in zwei Richtungen ins Getriebegehäuse eingebaut werden kann, muss man die Einbaurichtung beachten. Andernfalls kann es dazu kommen, dass die Vorderachse vorwärts dreht und die Hinterachse rückwärts oder beide Achsen rückwärts drehen. Ein Phänomen, das Zuschauer belustigt und dem Modellsportler nicht selten den einen oder anderen Fluch entlockt.

Das Hauptzahnrad wird, liegt es recht ungeschützt, auf Beschädigungen durch Steinchen, die sich zwischen den Zähnen verkantet haben, untersucht und mit einer Bürste gereinigt. Festsitzende Steinchen entfernt man vorsichtig mit einem kleinen Schraubendreher.

Nun überprüft man die Radachsen und ihre Lagerung. Bei gleitgelagerten Achsen werden nach der Reinigung von Buchse und Achse die Buchsen auf die Achse gesteckt und versucht, sie auf der Achse hin und her zu kippen. Ist diese Bewegung möglich, sind die Buchsen ausgeschlagen und sollten ersetzt werden. Ist das Modell mit Lagerbuchsen aus Metall ausgestattet, können auch die Lagerstellen an der Achse verschlissen sein. Man darf keine Vertiefungen fühlen, wenn man mit dem Finger über die Lagerstellen streicht. Andernfalls werden besser auch die Radachsen ausgetauscht, denn nur neue Buchsen bringen in diesem Fall nicht die gewünschte Minimierung des Radialspiels. Sind die Achsen kugelgelagert, überprüft man die Lager, indem die Radachse langsam in den Lagern gedreht wird. Es dürfen keine knirschenden Geräusche hörbar sein, die Achse muss sich leicht und weich drehen lassen. Ist dem nicht so, ist mindestens ein Kugellager verschmutzt. Die Reinigung ist möglich, durch die Verschmutzung kann das Lager jedoch bereits zerstört sein.

Zum Reinigen werden die Abdeckungen des Lagers abgenommen, nachdem man den Sprengring auf beiden Seiten des Lagers mit einer Nadel entfernt hat. Alle Bestandteile des Kugellagers werden jetzt in einem scharfen Reiniger, zum Beispiel Nitroverdünnung, eingeweicht und anschließend damit noch einmal abgespült. Bestehen die Abdeckungen des Kugellagers aus Kunststoff, darf man sie natürlich nicht mit diesem Reiniger säubern. Vor dem Verschließen müssen die Lager mit einem speziellen Kugellagerfett gefettet werden, dabei ist darauf zu achten, dass das Fett präzise zwischen Kugeln und Laufringe gebracht wird. Für diesen Zweck ist eine Spritze mit Kanüle sehr praktisch. Zum Verschließen werden die Abdeckungen wieder aufgesetzt und die Sprengringe eingeklipst. Sollte das Lager jetzt nicht zufrieden stellend laufen, ist es defekt und muss ausgewechselt werden. Bevor man die Achsen wieder in die Achsschenkel einbaut, prüft man die Aufnahme für die Knochen auf Verschleiß: Die Ausfräsungen in der Aufnahme sollen nicht ausgebeult sein. Falls eine deutliche Ausbeulung sichtbar ist, bringt der Einbau neuer Teile eine Verbesserung der Leichtgängigkeit des Antriebs mit sich.

Im letzten Schritt vor dem Zusammenbau des Fahrwerks werden nun die Spurstangen einer Überprüfung unterzogen. Lassen sich die Gestänge, also Spurstangen und obere Querlenker, sehr leicht auf die Kugeln klipsen, sollte man sie austauschen, damit sie sich nicht versehentlich im Fahrbetrieb lösen. Verbogene Spurstangen und eingerissene Kugelpfannen sollten ebenfalls getauscht werden, um eine optimale Funktion der Lenkung und einen guten Geradeauslauf zu gewährleisten.

Sind alle Prüfungen und Reparaturarbeiten ausgeführt, hat man sein Modell wieder betriebssicher gemacht und optimal für den nächsten Einsatz präpariert.

Der Motor

Von Zeit zu Zeit, auf jeden Fall aber vor dem Einmotten des Modells am Ende der Saison, wird der Motor gründlich gereinigt und auf Verschleißerscheinungen untersucht. Gerade

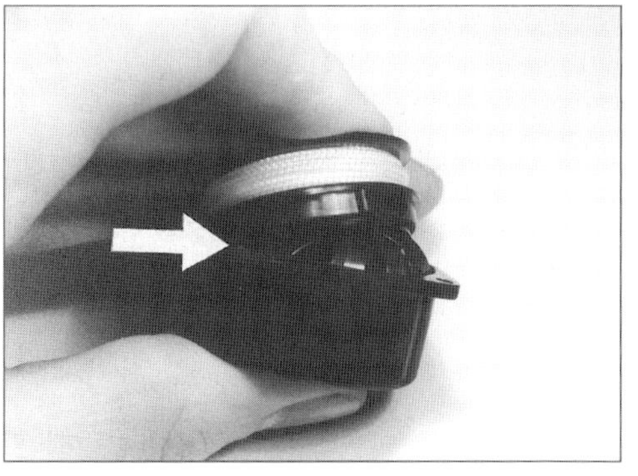

Zu spät: Die Feder des Anreißstarters ist herausgesprungen und muss mühsam wieder zusammengelegt werden.

die schon zuvor erwähnte Kruste aus Öl und Schmutz, die eine wirkungsvolle Ableitung der Wärme verhindert, muss man regelmäßig entfernen. Auch wenn nach einem längeren Motorleben trotz funktionsfähiger Glühkerze und intaktem Glühkerzengewinde die Kompression sehr niedrig ist, sollte man die Ursache im Inneren des Motors suchen.

Ein richtiger Schaden am Motor bleibt im Fahrbetrieb nicht verborgen, er äußert sich in der Regel durch einen Schlag und den absoluten Stillstand der Kurbelwelle. Ein gerissenes Pleuel beispielsweise mobilisiert vorher nie gekannte Verzögerungswerte des Modells. Vor der Demontage des Motors füllt man ein verschließbares Gefäß mit Nitroverdünner, in das später die Einzelteile des Motors gelegt werden. Beachten Sie dabei unbedingt die Sicherheitshinweise zum Umgang mit dieser giftigen Flüssigkeit.

Im nächsten Schritt werden alle Anbauteile vom Motor entfernt, also Auspuff oder Krümmer, Glühkerze, Luftfilter, Vergaser und die komplette Fliehkraftkupplung, die bei dieser Gelegenheit gleich auf Verschleiß untersucht werden kann: Sind die Kupplungsbacken stark abgenutzt, muss man sie auf jeden Fall auswechseln. Ist auf der Innenseite der Kupplungsglocke eine deutliche Vertiefung an den Stellen fühlbar, an denen die Kupplungsbacken schleifen, sollte man auch die Kupplungsglocke erneuern. Vorsicht ist bei der Demontage des Anreißstarters geboten: Es darf nur der komplette Starter abgebaut werden und keinesfalls nur das Gehäuse, da sonst die Rückholfeder herausspringt und oft nicht wieder einzubauen ist, sodass der komplette Starter als Ersatzteil beschafft werden muss. Im Falle des HPI-Motors ist es mir gelungen, die Feder wieder aufzuwickeln, es hat jedoch einige Zeit in Anspruch genommen. Am besten wird nach dem Lösen der Befestigungsschrauben das Gehäuse mit einer Hand 2–3 mm abgezogen und anschließend mit einem Schraubenzieher durch den Spalt die Seilrolle gegen das Gehäuse gedrückt und beide Teile vom Motor abgezogen. Sollten Sie sich nicht sicher sein, bitten Sie Ihren Fachhändler oder einen erfahrenen Modellbauer, den Seilzugstarter abzubauen.

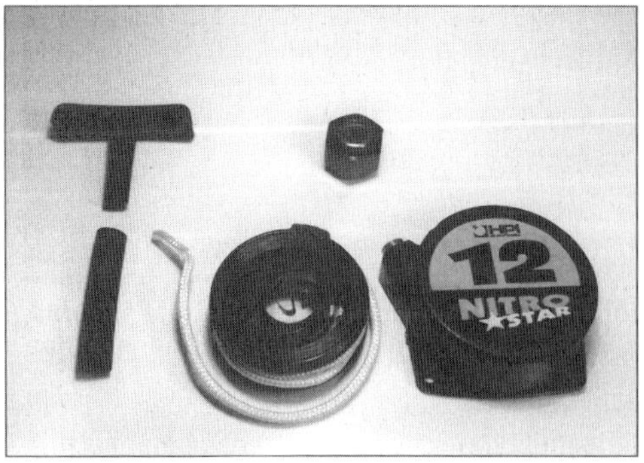

Nur zur Information: Dies sind die Bestandteile eines Anreißstarters. Es ist normalerweise nicht notwendig, einen Anreißstarter so weit zu zerlegen.

Sollte der Motor keinen Anreißstarter haben, sondern nur einen Kurbelgehäusedeckel, muss unbedingt die Einbaurichtung dieses Deckels notiert werden. Manchmal haben die Deckel an der Oberseite eine Abplattung, um eine Berührung mit dem Kolben zu vermeiden. Wird der Deckel später falsch montiert, kann es beim nächsten Start zu Beschädigungen des Motors kommen.

Bevor nun auch der Motor zerlegt wird, kann man die Videokamera wieder aufbauen, jedenfalls ist das dann nützlich, wenn der Zusammenbau des Motors in der Betriebsanleitung nicht dokumentiert ist und man Zweifel hat, ob einem der Zusammenbau ohne Hilfe gelingt.

Zunächst wird der Zylinderkopf abgeschraubt, indem man die Schrauben im Zylinderkopf löst. Wichtig ist die Verwendung von nicht verschlissenem und korrekt passendem Werkzeug, da die Schrauben meist sehr fest angezogen sind und von durchdrehenden Inbusschlüsseln oder Schraubendrehern ruiniert werden und dann nur noch mit größerem Aufwand lösbar sind. Der Zylinderkopf und die Schrauben werden nach der Grobreinigung mit einem Lappen zum Einweichen in die Verdünnung gelegt. Sollte die Zylinderkopfdichtung aus Metall bestehen (was der Regelfall ist), kann auch sie in der Verdünnung gereinigt werden. Dichtungen aus anderem Material prüft man zunächst auf Beschädigungen und säubert sie dann mit Alkohol oder Reinigungsbenzin und einem Lappen.

Beim nun folgenden Herausziehen der Laufbuchse muss unbedingt die Einbaurichtung markiert oder gemerkt werden. Die Laufbuchse hat an ihrem Flansch häufig eine Kerbe, die beim Zusammenbau wieder an der gleichen Stelle sein muss, wo sie sich zuvor befunden hat, damit die Ausfräsungen für die Einlasskanäle, die so genannten Umströmkanäle, und der Auslass an der richtigen Stelle liegen.

Sollte sich die Laufbuchse nicht von Hand herausziehen lassen, darf man keinesfalls mit Gewalt vorgehen, um sie nicht zu beschädigen. Zum Herausziehen der klemmenden Buchse gibt es mehrere Möglichkeiten, zum Beispiel:

- etwas Kriechöl zwischen Gehäuse und Laufbuchse sprühen und erneut versuchen, die Buchse herauszuziehen
- den Restmotor, so wie er jetzt ist, bei etwa 100–120°C im Backofen erwärmen und anschließend die Buchse (im heißen Zustand) herauszuziehen. Durch die stärkere Ausdehnung des Motorgehäuses ist die Spannung zwischen Gehäuse und Laufbuchse gesunken. Vorsicht, der Motor ist jetzt sehr heiß, es sollte mit ausreichend dicken Lappen gearbeitet werden. Die Topflappen der Küchenchefin empfehlen sich geradezu für diesem Zweck.

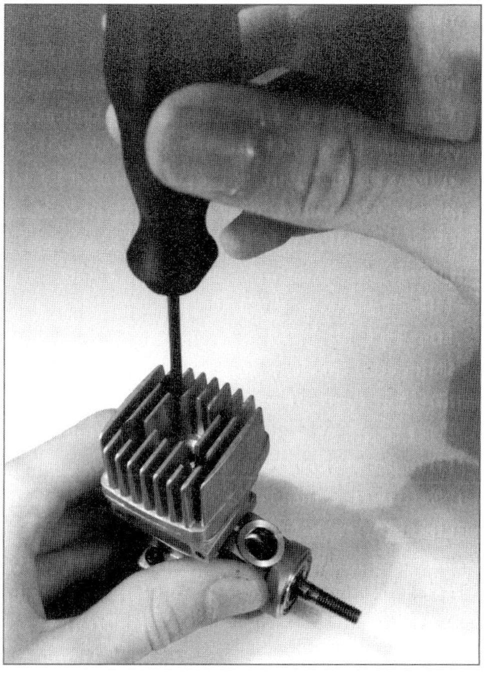

Zuerst werden die Zylinderkopfschrauben gelöst ...

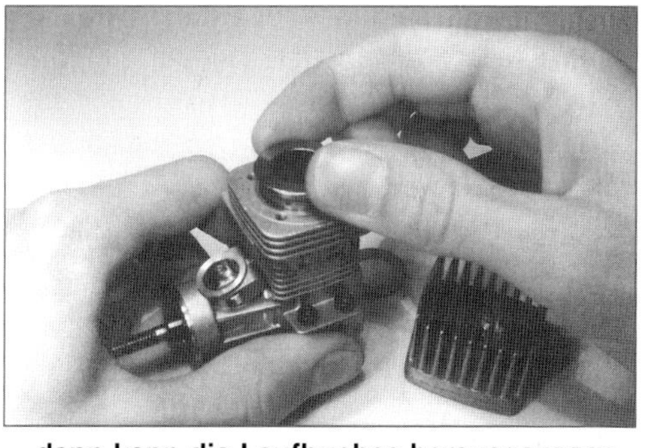

... dann kann die Laufbuchse herausgezogen werden.

Ist die Laufbuchse ausgebaut, kann das Pleuel mit zwei Fingern oder einer Pinzette von der Kurbelwelle abgezogen und zusammen mit dem Kolben durch die Zylinderbohrung entnommen werden.

Auch hier muss man sich unbedingt die Einbaurichtung des Kolbens merken, zum Beispiel indem man das Pleuel mit einem Filzstift durch die hintere Öffnung im Kurbelgehäuse markiert. Der Kolben und die Laufbuchse werden auf Riefen an der Lauffläche untersucht, die durch Fremdkörper in der Ansaugluft oder im Kraftstoff verursacht wurden. Sind deutliche Riefen erkennbar und war die Kompression des Motors nicht mehr so stark wie zu Beginn seines Lebens, sollte man die Laufgar-

Jetzt wird das Pleuel von der Kurbelwelle abgezogen. Anschließend kann man Kolben und Pleuel durch die Zylinderkopföffnung herausnehmen.

Schließlich sollte sich die Kurbelwelle nach hinten aus dem Motor ziehen lassen.

nitur, also Kolben und Laufbuchse, gegen Neuteile austauschen. Nachdem die Laufbuchse aus dem Motor entfernt wurde, sollte sich jetzt die Kurbelwelle nach hinten aus dem Motor ziehen lassen. Bei einigen Motortypen muss dazu zunächst ein Ring, der entweder von einer Madenschraube gehalten wird oder einfach nur aufgesteckt ist, vom vorderen, außen liegenden Teil der Kurbelwelle abmontiert werden. Das Kugellager im Innern des Motorgehäuses lässt man besser an Ort und Stelle, da es meist sehr schwer zu demontieren ist und das zur Reinigung auch nicht notwendig ist. Ideal ist es, wenn das vordere Lager herausgenommen werden kann. Anschließend legt man das Motorgehäuse in ein Gefäß mit Reinigungsbenzin oder Verdünner.

Während die Motorteile eine Zeit lang einweichen, geht es an die Reinigung des Vergasers. Bevor Sie ihn zerlegen, sei darauf hingewiesen, dass nach dem Zusammenbau eine neue Einstellung gefunden werden muss. Als Anhaltspunkt schraubt man jetzt die Düsennadel ganz hinein und zählt die dazu notwendigen Umdrehungen. Den Wert schreibt man sicherheitshalber auf, bevor mit einer eventuell vorhandenen Übergangsschraube genauso verfahren wird.

Da die einzelnen Vergasertypen im Aufbau sehr verschieden sind, ist es schwierig, hier eine allgemein gültige Anleitung zu geben. Meist müssen jedoch zum Herausnehmen des Vergaserkükens die Standgasschraube, die Düsennadel und oft auch der Anlenkhebel demontiert werden, bevor man den Düsenstock abschrauben kann, der bei Drehvergasern oft das Küken fixiert.

Die Metallteile des Vergasers können ebenfalls in Verdünnung eingeweicht und gereinigt werden, dazu verwendet man jedoch besser ein separates Gefäß.

Grobe Verschmutzungen, gerade am Gehäuse, entfernt man am besten mit einer Bürste. Zahnbürsten sind dazu jedoch in der Regel nicht geeignet, da sie meist aus Plastik bestehen und sich in Verdünnung auflösen. Im Baumarkt gibt es kleine Bürsten mit Holzgriff, die Version mit Drahtborsten ist allerdings nicht empfehlenswert.

Nachdem die Motorteile wieder schön sauber sind, nimmt man sie aus der Verdünnung und wischt sie nach dem Abtropfen mit einem sauberen Lappen trocken. War der Motor zuvor stark verschmutzt, müsste die Verdünnung ziemlich dunkel und der Boden des Glases mit Ablagerungen versehen sein. In diesem Fall spült man die Einzelteile des Motors vor dem

Trocknen noch einmal in sauberer Verdünnung oder in Spiritus, damit gelöste Schmutzpartikel nicht im Inneren des Gehäuses abgelagert werden. Beim Zusammenbau des Vergasers, der eigentlich keinen Verschleiß aufweisen dürfte, wird genauso verfahren.

Da sich nun in den Kugellagern des Motors kein Schmiermittel mehr befindet, muss unbedingt etwas Nadelöl in die Kugellager geträufelt werden. Später im Betrieb erfolgt die Schmierung auch durch das Öl im Kraftstoff. Hat man das vordere Kugellager zusammen mit dem Gehäuse im Lösungsmittel eingeweicht, sollte man die Kapselung öffnen und eine kleine Menge Kugellagerfett zwischen die Kugeln injizieren. Je nach Hersteller kann es nämlich sein, dass das Lager auch zur Innenseite des Motors hin verschlossen ist oder gar nicht mit dem Öl im Kraftstoff in Berührung kommt.

Sind alle Teile richtig sauber und frei von Nitroverdünnung, bauet man das Aggregat wieder zusammen. Die Reihenfolge ist genau umgekehrt wie die des Auseinanderbaus, also:

1. Kugellager in das Gehäuse einsetzen, falls sie zuvor entfernt wurden
2. Kurbelwelle in das Kurbelgehäuse einsetzen
3. Kolben und Pleuel von oben in den Zylinder einsetzen, Pleuel auf Kurbelwelle schieben, dabei die Einbaurichtung beachten
4. Laufbuchse einsetzen, auf Ausrichtung achten
5. Zylinderkopf und Dichtung festschrauben, dabei die Ausrichtung des Zylinderkopfes beachten: Die Kühlrippen sollten längs zur Fahrtrichtung verlaufen
6. Anbauteile anbringen

Da alle Teile meist mit sehr engen Toleranzen gefertigt sind, empfiehlt es sich, an die Stellen, an denen Metall auf Metall reibt, einen Tropfen Nadelöl zu träufeln. Dies erleichtert beispielsweise das Einschieben der Laufbuchse in das Gehäuse erheblich. Auf jeden Fall wird der Kolben leicht geölt, damit es nicht zu Beschädigungen an Kolben oder Laufgarnitur kommt, wenn diese Teile zusammengefügt werden. Alternativ kann man den Kolben oder die Laufbuchse auch einfach kurz in Synthetikkraftstoff eintauchen, dabei bleibt genügend Öl an der Oberfläche haften, um Beschädigungen zu vermeiden.

Einen verschmutzten Luftfilter reinigt man bei dieser Gelegenheit oder tauscht ihn gegen einen neuen aus, um dem Motor wieder freies Durchatmen zu ermöglichen. Verschmutzte Filtereinsätze aus Schaumstoff sollten mit Spiritus gereinigt und anschließend mit Luftfilteröl beträufelt werden: Das Öl bindet feinen Staub und Schmutz, sodass diese Fremdkörper nicht ins Innere des Motors gelangen können. Luftfiltereinsätze aus Papier (meist gelbliche Farbe) lassen sich normalerweise nicht reinigen, sie müssen ersetzt werden.

Auf den Einsatz von Schraubensicherungslack sollte man wegen der hohen Temperaturen des Motors im Betrieb verzichten. Alle Schrauben werden so fest angezogen, wie sie auch zuvor waren, aber: Nach fest kommt ab, also nicht mit Gewalt arbeiten!

Ist der Motor dann wieder zusammengebaut, träufelt man ein paar Tropfen Synthetikkraftstoff in den Vergaser und dreht die Kurbelwelle vorsichtig einige Male. Dann sind alle sich bewegenden Teile mit Öl benetzt und die Gefahr von Rost oder Festsitz ist auf ein Minimum reduziert. Bei allen Reinigungen ist auf eine umweltgerechte Entsorgung der Chemikalien zu achten.

Nitroverdünner in die Toilette zu schütten ist nicht erlaubt, so etwas treibt dem Kläranlagenwärter die Schweiß auf die Stirn! Für alle Chemikalien, insbesondere die giftigen Nitroverdünner, Waschbenzin, ölige Lappen und auch Reste von Modellkraftstoff, gilt: Sortenrein sammeln und bei Gelegenheit zur Schadstoffsammelstelle bringen. In einigen Städten und Gemeinden werden solche Problemabfälle zu bestimmten Terminen durch mobile Schadstoffsammelstellen abgeholt.

Wartung während des Einsatzes

Auch während des Betriebs empfiehlt es sich, von Zeit zu Zeit, etwa nach jedem Tanken, ein paar Dinge zu überprüfen. Dies beschränkt sich zu großen Teilen auf eine reine Sicht- und Fühlkontrolle verschiedener Bereiche des Modells. Wer einmal ein Modellautorennen besucht und beobachtet, welche Arbeiten die Fahrer im Fahrerlager an ihren Modellen vornehmen, wird feststellen, dass vieles von dem, was wie hier beschreiben, auch dort durchgeführt wird. Zunächst fasst man alle beweglichen Teile an und rüttelt vorsichtig, um lose Teile schnell zu entlarven und ihren Verlust bei der nächsten Fahrt zu vermeiden. Die Bilder auf diesen Seiten zeigen einige Stellen, die sich als besonders anfällig für Verschleiß, Beschädigungen und lose Teile herausgestellt haben. Es handelt sich dabei also nicht um modelltypische Erscheinungen, sondern je nach Konstruktion sind eigentlich alle Modelle an diesen Stellen empfindlich.

Darüber hinaus sollte bei Modellen mit Allradantrieb über Zahnriemen der Riemen daraufhin kontrolliert werden, ob Steinchen oder kleine Sandkörner zwischen den Zähnen sitzen oder ob der Riemen stark ausgefranst ist. Fremdkörper werden vorsichtig entfernt und man untersucht die Stelle des Riemens, wo er eingeklemmt war, genau auf Beschädigungen.

Dieser Schalldämpfer ist locker: Wahrscheinlich war das Motorgeräusch vor dem Stopp bedeutend lauter als üblich.

Der hintere Querlenkerstift ist lose.

Da fehlt eine Schraube der Motorbefestigung, die gleich ersetzt werden muss. Schraubensicherungslack nicht vergessen!

Hier muss der Federteller wieder richtig eingesetzt werden.

Nicht sofort erkennbar, aber der obere Achsschenkelbolzen ist lose.

Dieser Riemen sitzt schon recht locker, er hat sich durch den Fahrbetrieb gedehnt.

Dieser Servosaver ist lose und droht abzufallen.

Zu spät: Dieses Riemenrad ist hoffnungslos zerstört.

Alle Gelenke sollen regelmäßig einer Sichtprüfung auf Verschleiß und übermäßige Verschmutzung unterzogen werden.

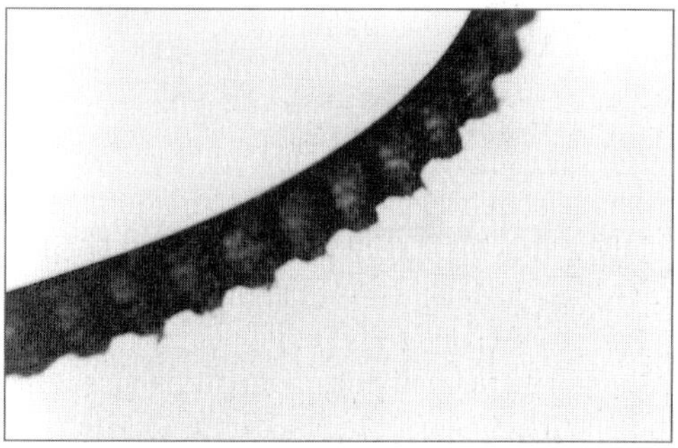

Schon recht weit verschlissen ist dieser Zahnriemen.

Nach einer Prüfung der übrigen Antriebsteile auf offensichtlichen Verschleiß oder außergewöhnliche Geräuschentwicklung stellt man fest, ob die Differenziale leichtgängig sind, indem bei angehobenem Chassis ein Rad gedreht wird. Das Differenzial darf nicht haken oder schleifende Geräusche von sich geben. Falls es dies doch tut, empfiehlt es sich, das Differenzial

Pressluft ist sehr hilfreich zum Entfernen von Staub und losem Schmutz.

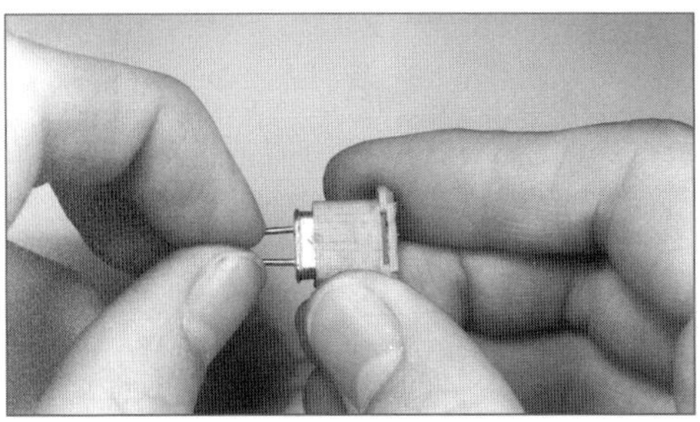

Wenn man die Beinchen des Quarzes etwas zusammendrückt, sitzt er viel fester in seinem Sockel.

auszubauen und der Ursache auf den Grund zu gehen. Wenn wie beim Kyosho V-One R oder dem TC-4 International Pro von GM-Racing die Riemenräder im Getriebegehäuse gut erkennbar sind, sollte man auch sie auf Fremdkörper untersuchen: Beim Schieben des Fahrzeugs darf der Antrieb keinesfalls derart klemmen, dass das Modell einige Zentimeter bewegt werden kann und der Antrieb dann blockiert oder merklich schwerer geht. In diesen

Der mittlere Stecker ist lose. Er gehört zum Lenkservo und wird garantiert bei der nächsten Fahrt in der ungünstigsten Situation herausfallen, falls er nicht wieder richtig eingesteckt wird.

Fällen ist ein Schaden im Riementrieb im Verzuge, da ein Fremdkörper zwischen Riemen und Riemenrad klemmt. Um offene Getriebegehäuse von Staub zu reinigen, empfiehlt sich Pressluft, die zum Beispiel von MRC Speedmodels in einer Dose angeboten wird. Bei guter Zugänglichkeit ist auch ein Borstenpinsel gegen Staub und leichte Verschmutzungen hilfreich, der gelöste Schmutz muss aber unbedingt aus dem Getriebe entfernt werden.

Besondere Aufmerksamkeit verdient auch die Empfangsanlage. Prüfen Sie, ob der Quarz richtig fest im Sockel steckt, indem Sie versuchen, ihn weiter hineinzudrücken. Geht das nicht, ist alles in Ordnung. Lässt er sich aber hineindrücken, natürlich ohne Gewalt, ist der Sockel oder der Quarz schon ziemlich ausgeleiert und der zuverlässige Kontakt nicht mehr gewährleistet. Der einfachste Weg, den Quarz etwas straffer in die Fassung zu stecken, ist das vorsichtige Zusammenbiegen der beiden Kontakte. Aber auch jetzt sollte möglichst ein Streifen Klebeband den Quarz sichern.

Ähnliche Gefahren lauern bei den kleinen Steckern der Servos. Je öfter sie eingesteckt und herausgezogen wurden, desto lockerer stecken sie in den Buchsen. Wenn das Modell und die Fernsteuerungsanlage ziemlich neu sind, ist das Risiko noch sehr gering, trotzdem sollte geprüft werden, ob sich ein Stecker durch die Vibrationen etwas gelöst hat. Bei älteren Servos lötet man am besten gleich einen neuen Stecker an. Im Vergleich zu dem Schaden, der am Modell entsteht, wenn es außer Kontrolle gerät, sind ein paar Euro für einen neuen Stecker geradezu lächerlich.

Auch die Empfängerstromversorgung muss natürlich gewartet werden. Neben der Prüfung, ob der Stecker noch richtig in den Empfänger eingesteckt ist, rüttelt man bei eingeschalteter Fernsteuerung vorsichtig am Stromversorgungskabel und am Akku selbst. Dabei darf kein Servo plötzlich einen Ton von sich geben oder wackeln, andernfalls liegt ein Wackelkontakt im wahrsten Sinne des Wortes vor, denn durch die Bewegung wurde die Stromversorgung kurz unterbrochen und wiederhergestellt. Entdeckt man einen derartigen Fehler, ist es ratsam, die komplette Empfängerstromversorgung auszubauen und zu prüfen. Häufige Ursachen sind eine kalte Lötstelle am Akku, ein gebrochenes oder loses Kabel innerhalb des Schalters oder der Stecker im Empfänger.

Insbesondere bei Offroadmodellen sollte auch der Luftfilter möglichst oft kontrolliert werden, denn ein verschmutzter Luftfiltereinsatz reduziert den Luftdurchsatz und damit die Leistung des Motors. Außerdem kann man bei der Kontrolle einen defekten Luftfilter erkennen und austauschen, sodass Beschädigungen des Motors vermieden werden.

Die eben geschilderten Arbeiten wirken zwar auf den ersten Blick recht umfangreich, bereits nach kurzer Zeit entwickelt man jedoch eine Routine, die den Aufwand auf wenige Minuten reduziert – sofern keine Reparaturen notwendig werden.

Fahrwerkeinstellung und Tuningmöglichkeiten

Das Thema Fahrwerkeinstellung und Tuning ist sehr umfangreich, möchte man einigermaßen vollständig darüber berichten. Hier will ich nur darauf eingehen, welche Veränderungen am Fahrwerk welche Auswirkung auf das Fahrverhalten haben. Außerdem wird beleuchtet, welche Tuningmöglichkeiten es grundsätzlich gibt und welche Verbesserungen sie bringen.

All dies geschieht am Beispiel eines Tourenwagens, dessen Fahrwerksgeometrie sehr vielfältig eingestellt werden kann. Von den im Praxistest vorgestellten Fahrzeugen weisen nur die Profimodelle Kyosho V-One R und GM-Racing TC-4 International Pro alle hier vorgestellten Verstellmöglichkeiten des Fahrwerks auf. Welche Einstellungen bei den übrigen Modellen vorgenommen werden können, ist in der jeweiligen Modellbeschreibung dargestellt.

Fahrwerkeinstellung

Grundsätzlich sollte man das Modell ausgiebig Probe fahren, bevor an der Baukastenabstimmung etwas verändert wird. Dabei ist es sinnvoll, die Fahrwerkseinstellung direkt am Testgelände zu verändern, um die Auswirkungen

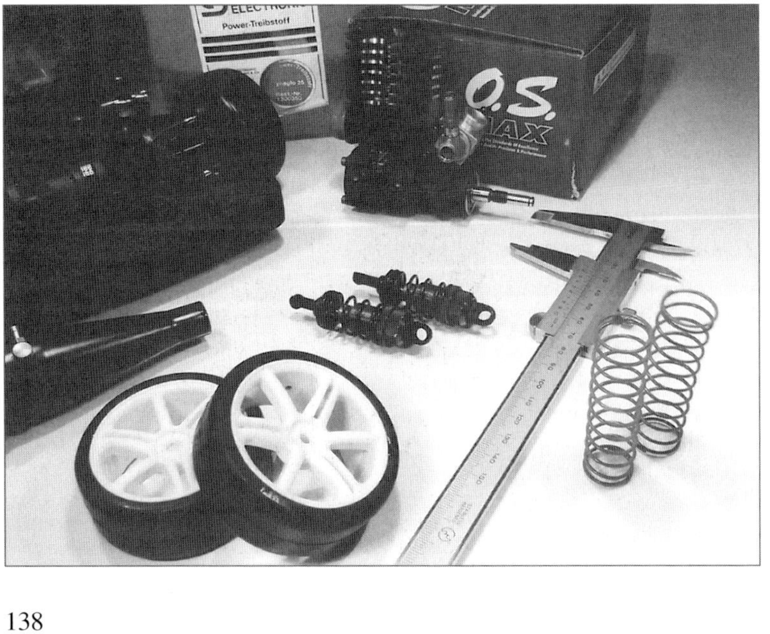

gleich testen zu können. Wichtig ist dabei der Grundsatz, immer nur eine Einstellung zu verändern und dies zu testen, bevor eine weitere Verstellung vorgenommen wird: Wenn man gleichzeitig Federvorspannung, Nachlaufwinkel der Vorderachse und Sturz der Hinterachse verändert, ist das Fahrverhalten zwar anders, meist jedoch nicht optimal. Außerdem sollen alle Einstellungen an der linken und rechten Seite gleich durchgeführt werden. Dies dient dazu, dass das Modell in Links- und Rechtskurven das gleiche Fahrverhalten an den Tag legt. Das gilt auch für die Reifen: Während es durchaus sinnvoll sein kann, an der Vorderachse andere Reifen zu montieren als an der Hinterachse, sollen Profil und Verschleißzustand der Reifen an einer Achse links und rechts gleich sein. Die Bedeutung der im Folgenden häufig verwendeten Begriffe Vorspur, Nachlauf, Sturz und so weiter wird mithilfe einige Bilder erläutert.

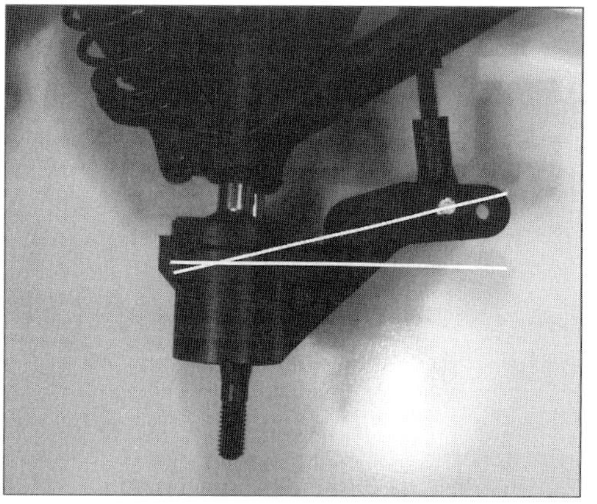

Der Winkel zwischen den beiden Linien wird als Lenkhebelwinkel bezeichnet.

Der Winkel, um den eine Achse nach hinten gekippt ist, heißt Nachlaufwinkel.

Die Reifen

Gleich am Beginn steht das wohl umfangreichste Gebiet bei der Fahrwerksabstimmung, gibt es doch mehrere hundert verschiedene Reifensorten, Reifenbreiten und Profile.

Ein guter Reifen besitzt zuallererst einen guten Rundlauf, das heißt, er eiert nicht. Dazu muss der Reifen optimal auf die Felge passen, Durchmesser und Breite von Reifen und Felge müssen aufeinander abgestimmt sein.

Ob ein profilierter Reifen oder ein Slick besser ist, lässt sich nicht allgemein gültig sagen. Es hängt im Wesentlichen von der Strecke ab, auf der das Modell eingesetzt wird. Viel wichtiger ist die Mischung des Reifengummis, sie hat gerade im Tourenwagenbereich einen sehr hohen Stellenwert. Eine weichere Gummimischung baut in der Regel einen höheren Griff auf und kann somit höhere Beschleunigungs- und Seitenführungskräfte übertragen: Das Modell beschleunigt stärker (ein ausreichend starker Motor vorausgesetzt) und kann höhere Kurvengeschwindigkeiten er-

Laufen die Räder einer Achse nach vorne spitz zusammen, wird dies als Vorspur bezeichnet. Laufen sie auseinander, heißt dies Nachspur.

Rechts stark negativer Sturz, links neutraler Sturz.

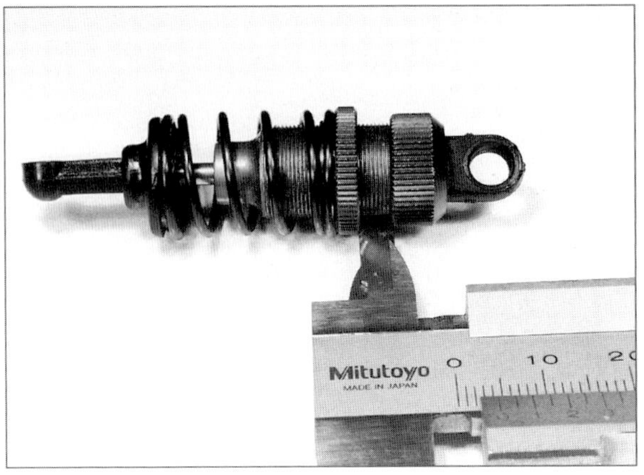

Bei diesem Stoßdämpfer wird die Federvorspannung über eine Mutter eingestellt, die auf dem Gehäusegewinde läuft. Rechte und linke Feder werden gleich vorgespannt.

reichen, bevor es ausbricht. Der Nachteil von einer weichen Gummimischung ist der höhere Verschleiß, der weichere Gummi nutzt sich stärker ab als ein härterer. Darüber hinaus muss ein weicherer Reifen besser mit der Felge verklebt werden, da seine Eigenspannung, mit der er sich auf der Felge hält, geringer ist als die eines harten Reifens. In Bezug auf das Profil des Reifens würde es den Rahmen sprengen, alle gängigen Reifen vorzustellen. Um zu prüfen, ob der Baukastenreifen für die gewählte Strecke geeignet ist, stellt man am besten das Modell auf die Strecke und versucht, es seitlich zu verschieben. Geht das Modell dabei auf der Seite, in deren Richtung geschoben wird, in die Federn und lässt sich erst bei höherem Kraftaufwand verschieben, so kann man sicher sein, dass die Reifen auf diesem Untergrund eine gute Haftung haben, man spricht von einem hohen Haftbeiwert.

Stoßdämpfer und Federn

Diese Bauteile sind besonders bei Offroad-, Racingtruck- und Rallyecrossmodellen von immenser Wichtigkeit. Aber auch beim Tourenwagen ist eine richtige Feder-Dämpfer-Abstimmung von Bedeutung für ein gutes Handling des Modells. Auf jeden Fall sind Öldruckstoßdämpfer die erste Wahl. Zwar werden insbesondere bei preisgünstigen Modellen oft Reibungsdämpfer angeboten, in Sachen Dämpfungscharakteristik und Einstellbarkeit sind sie den Öldruckstoßdämpfern jedoch weit unterlegen. Eine gute Grundeinstellung der Federvorspannung in einem Tourenwagenfahrwerk ist erreicht, wenn das Modell etwa zu 75–80% ausfedert, nachdem es auf den Boden gedrückt worden ist. Im Offroadmodell wird die Vorspannung so gewählt, dass die Stoßdämpfer nach dem Einfedern wieder zu etwa zwei Dritteln ausfedern. Die Stoßdämpfer sollten bei einem Tourenwagen in etwa so eingestellt sein, dass das Modell nicht nachschwingt, wenn es aus einer Höhe von etwa 5–10 cm fallen gelassen wird: Es darf nur einen einzigen „Plopp“-Ton geben und das Modell muss danach sofort ruhig stehen. Jetzt sollten die Stoßdämpfer zu etwa 10–20% eingefedert sein, überprüfen Sie dies, indem Sie das Modell langsam anheben. Falls das Modell ein grundsätzlich anderes Verhalten zeigt, kann man mithilfe der folgenden Tabelle die Einstellung justieren.

Fahrwerkeinstellung

Problem	Ursache und mögliche Lösung
Das Modell schlägt auf den Boden durch und verharrt auch dort.	Die Federvorspannung ist zu gering, die Federn haben nicht die Kraft, das Modell wieder anzuheben. Erhöhen Sie die Federvorspannung.
Das Modell schlägt durch, schwingt jedoch etwas nach, bleibt dann aber korrekt zu etwa 10–20% eingefedert stehen.	Die Dämpferwirkung ist zu schwach. Befüllen Sie die Stoßdämpfer mit härterem Öl oder bauen Sie Kolbenplatten mit weniger Löchern für eine härtere Dämpfung ein.
Beim Fallenlassen aus 5–10 cm Höhe ist ein sauberer „Plopp" zu hören, das Modell federt dabei jedoch nicht ein.	Sollte das Fahrverhalten nicht zufrieden stellend sein, verwendet man in diesem Fall etwas weicheres Stoßdämpferöl oder Kolbenplatten mit weniger Löchern für eine weichere Dämpfung.
Obwohl die Federn nicht vorgespannt sind, federt das Modell beim Fallenlassen und beim Hinunterdrücken immer sehr schnell wieder aus und neigt vielleicht sogar zum Nachschwingen.	Die Federn sind wahrscheinlich zu lang. Abhilfe schaffen kürzere Federn.

Für den Offroadbereich und beim Rallyecrossmodell gilt für die Grundabstimmung das Gleiche. Wie beim Tourenwagen ist diese Einstellung zunächst nur als Ausgangsbasis für weitere Veränderungen am Fahrwerk zu betrachten, die sich aus den Fahreigenschaften ergeben.

Generell gilt: Je weicher, desto Griff. Das heißt, bei einer Reduzierung der Federvorspannung oder beim Einbau von weicheren Federn an einer Achse wird der Griff, den das Modell an dieser Achse aufbaut, vergrößert. Die Abstimmung darf jedoch niemals so weich ausfallen, dass das Modell auf der Fahrbahn aufliegt. Gerade bei Offroadern und Rallyecrossmodellen ist auf eine ausreichende Bodenfreiheit zu achten, und je unebener die Strecke ist, desto größer sollte die Bodenfreiheit sein.

Sturz an Vorder- und Hinterachse

Zunächst stellt man den Sturz an allen Rädern so ein, dass die Auflagefläche des Reifens auf dem Untergrund so groß wie möglich ist. Das stellt man am besten bei stehendem Fahrzeug fest, wenn das Modell also etwas eingefedert ist, da diese Lage auch im Fahrbetrieb am häufigsten vorliegt. Wichtig ist, den Sturz an den beiden Rädern einer Achse immer gleich einzustellen, damit das Modell in Rechts- und Linkskurven das gleiche Fahrverhalten an den Tag legt.

Bei einer Veränderung des Sturzes in negative Richtung stemmt sich das Modell mehr in die Kurve, gerade bei Rallyecross- und Offroadmodellen kann dies zweckmäßig sein, um eine gute Traktion bei Kurvenfahrten zu erreichen. Bis zu einem bestimmten Winkel erhöht ein negativer Sturz die Seitenführungskraft, das Modell bricht in einer Kurve erst später über diese Achse aus. Positiver Sturz verleiht weniger Griff auf dieser Achse. Beim Tourenwagen ist eine Veränderung des Sturzes nur in sehr begrenztem Umfang sinnvoll, da eine große Reifenaufstandsfläche meist mehr Vorteile mit sich bringt. Wenn hier Veränderungen vorgenommen werden, dann ist meist nur ein leicht negativer Sturz im Fahrbetrieb angebracht.

Sehr effektiv ist auch die Veränderung der Sturzeinstellung beim Einfedern. Diese Möglichkeit bieten jedoch nur die Modelle, bei denen für die oberen Querlenker mehrere Auf-

Beim Einfedern verändert dieses Rad seinen Sturz nicht.

Dieses Rad verändert seinen Sturz beim Einfedern in negative Richtung.

hängungspunkte zur Verfügung stehen. Ist der obere Querlenker parallel zum unteren und liegen die Befestigungspunkte fahrzeug- und radseitig direkt übereinander, bleibt der Sturz des Rades beim Einfedern konstant. Befestigt man die oberen Querlenker radseitig höher oder getriebeseitig weiter innen und/oder niedriger, wird der Sturz des Rades sich beim Einfedern ins Negative verändern. Eine derartige Einstellung bietet an der Hinterachse den Vorteil, dass das Modell über diese Achse bei Kurvenfahren später ausbricht, an der Vorderachse bringt sie den Vorteil, dass das Modell beim Anbremsen vor Kurven sehr viel Griff an der Vorderachse hat und deshalb sehr empfindlich auf Lenkbewegungen reagiert. Beim Beschleunigen und damit Entlasten der Vorderachse reduziert sich der Griff und Lenkbewegungen werden träger umgesetzt, was gerade beim Beschleunigen und bei höheren Geschwindigkeiten die Gefahr des Ausbrechens reduziert.

Die Vorspur

An einer nicht angetriebenen Vorderachse bewirkt die Vorspur einen ruhigeren Geradeauslauf und ein gutes Ansprechen auf Lenkbewegungen. Eine Nachspur, also wenn das linke Rad etwas nach links und das rechte Rad etwas nach rechts läuft, hat dagegen eine weniger empfindliche Lenkung und meist eine Verschlechterung des Geradeauslaufs zur Folge.

Bei Modellen mit Front- oder Allradantrieb kann es sinnvoll sein, eine neutrale Spur oder eine leichte Nachspur einzustellen. Durch die angetriebene Vorderachse ziehen sich die Vorderräder beim Beschleunigen vorne etwas zusammen, sodass sich die Nachspur in Richtung Vorspur verstellt.

Einige Modelle bieten die Möglichkeit, auch die Vorspur der Hinterachse zu verändern. Auch hier gilt: Vorspur bewirkt einen besseren Geradeauslauf, Nachspur lässt das Modell empfindlicher auf Lenkbewegungen reagieren. Außerdem kann eine erhöhte Vorspur an der Hinterachse das Fahrverhalten in Kurven entschärfen. Wenn das Modell beim Beschleunigen aus der Kurve heraus zum Ausbrechen neigt, reduziert die erhöhte Vorspur an der Hinterachse dieses Verhalten.

Nachlaufwinkel der Vorderachse

Die Möglichkeit, den Nachlaufwinkel der Vorderachse zu verändern, bieten nur sehr wenige Hersteller, gerade bei den Hobbyfahrzeugen ist diese Option meist nicht gegeben. Der Nachlaufwinkel beschreibt den Winkel zwischen der gedachten Linie durch obere und untere Achsschenkelbefestigung und der Senkrechten. Die Vergrößerung des Nachlaufs, der in Millimeter angegeben wird, ist die Folge des erhöhten Nachlaufwinkels. Der Nachlauf ist der Abstand der beiden oben beschriebenen Linien, gemessen auf Höhe der Fahrbahn.

Je größer der Nachlauf bzw. Nachlaufwinkel ist, desto mehr kippt das Rad beim Einlenken nach außen mit der Folge, dass das Modell auf Lenkbewegungen träger reagiert. Sollte das Modell also recht empfindlich auf Lenkbewegungen reagieren, kann dieses Verhalten durch die Erhöhung des Nachlaufwinkels entschärft werden.

Tuningmaßnahmen

Grundsätzliches

Ziel jeder Tuningmaßnahme sollte mindestens einer der folgenden Effekte sein:

- Erhöhung der Fahrleistungen
- Verringerung des Fahrzeuggewichts
- Verbesserung der Zuverlässigkeit
- Verringerung von Verschleiß

Meist bewirkt eine Tuningmaßnahme gleich mehrere Verbesserungen. Der Einbau von Kugellagern zum Beispiel erhöht die Fahrleistungen und verringert den Verschleiß und verbessert damit auch die Zuverlässigkeit des Modells.

Mit Vorsicht zu genießen sind Tuningmaßnahmen, bei denen eine Verbesserung auf Kosten der Zuverlässigkeit oder des Verschleißes geht. Gerade für den Renneinsatz muss man sorgfältig abwägen, ob ein paar Gramm Gewichtserleichterung mit einer Reduzierung der Zuverlässigkeit des Modells bezahlt werden sollen.

Beim Kauf von Tuningteilen geht man gezielt vor. Oft werden für ein Modell sehr viele Tuningteile angeboten, sodass man sich gut überlegen sollte, was man mit einer Tuningmaßnahme erreichen möchte. Wer bislang beispielsweise keine Probleme mit dem Kegeldifferenzial hatte und mit dem Fahrverhalten des Modells sehr gut zurechtgekommen ist, braucht nicht unbedingt ein Kugeldifferenzial.

In den folgenden Abschnitten werden die gängigsten Umbauten und Modifikationen beschrieben und worauf beim Umrüsten und beim Fahren danach zu achten ist.

Einbau von Kugellagern

Diese Tuningmaßnahme ist wohl die populärste und zugleich sinnvollste. Gerade bei Modellen mit Verbrennungsmotor, deren Antriebsstrang einer recht hohen Belastung ausgesetzt ist, sollen Kugellager auf keinen Fall fehlen: Sie reduzieren die Reibung im Antrieb und haben darüber hinaus den Vorteil, dass sie weit

Ein Blick durch das Hinterrad des TC-4 International Pro: Durch die Inbusschraube (Pfeil) kann die Vorspur an der Hinterachse eingestellt werden.

Verstellung des Nachlaufwinkels bei einem Kyosho-Modell.

Verschiedene Kolbenplatten. Je mehr Löcher die Kolbeplatte hat, desto weicher ist die Dämpfung.

Mithilfe einer Inbusschraube wird hier der Ausfederweg begrenzt und damit die Bodenfreiheit eingestellt.

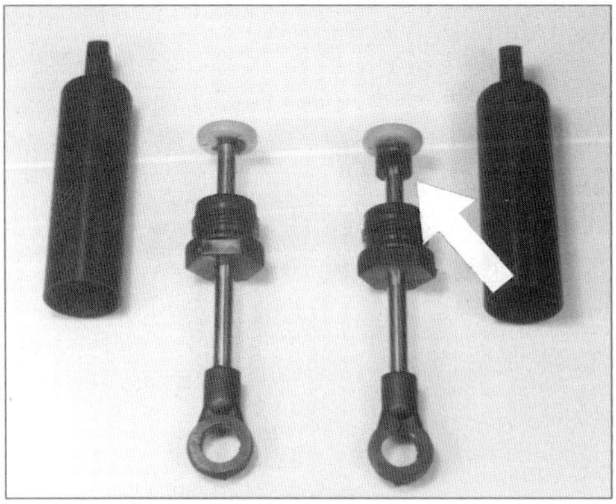

Der Pfeil zeigt den Ring, der die Gesamtlänge des Stoßdämpfers reduziert und damit auch die Bodenfreiheit einschränkt.

weniger anfällig sind als Lagerbuchsen, die regelmäßig gesäubert und gefettet werden müssen. Zwar wollen auch Kugellager von Staub und Schmutz befreit werden, dies kann jedoch einfach mit einem Pinsel oder Tuch geschehen.

Für Verbrennermodelle kommen ausschließlich gekapselte Kugellager infrage. Sie sind zwar deutlich teurer als offene Kugellager, haben dafür jedoch eine wesentlich längere Lebensdauer, denn Staub im Inneren eines Kugellagers zerstört es innerhalb kürzester Zeit.

Beim Umbau müssen nach dem Entfernen der Gleitlager die Wellen und Aufnahmen für die Lager sorgfältig entfettet werden, um die Gefahr der Verschmutzung der Kugellager zu reduzieren. Dies ist gerade beim Einbau der Kugellager in die Achsschenkel sehr wichtig.

Viele Hersteller bieten für ihre Modelle komplette Kugellagersätze an, die alle benötigten Lager enthalten. Zum Einbau muss man das Modell in der Regel fast komplett zerlegen. Ursprünglich als Bausatz gelieferte Modelle kann man anschließend meist anhand der Bauanleitung wieder problemlos montieren. Bei vormontierten Modellen, deren Bauanleitung nur die Schritte zur Komplettierung zeigt, ist Vorsicht bei der Demontage geboten. Wer unsicher ist, ob er das Modell auch ohne Bauanleitung wieder zusammenbauen kann, sollte den Umbau schrittweise vornehmen: Dazu werden immer nur kleine Baugruppen demontiert, zum Beispiel die linke vordere Aufhängung, um Kugellager in die Achsschenkel einzubauen. Bei Problemen mit dem Zusammenbau kann man dann an der anderen Seite abgucken, und die Zahl der wieder zu montierenden Teile ist vergleichsweise gering. Auch hier ist der schon beschriebene Einsatz einer Videokamera empfehlenswert, um im Zweifelsfalle die Demontage noch einmal ansehen zu können, etwa weil plötzlich ein Teil zu viel ist.

Einbau von Öldruckstoßdämpfern

Dieser Umbau ist dabei schon wesentlich einfacher durchzuführen. Einige Hinweise zum

Zusammenbau der Öldruckstoßdämpfer finden Sie im dritten Kapitel dieses Buches. Bei der Wahl der Stoßdämpfer sollte man sich beim Händler oder in der Tuningteilliste für das eigene Modell die passenden heraussuchen. Besonders wichtig ist dabei die Länge der Stoßdämpfer, damit man aus einem Tourenwagen keinen Monstertruck macht und umgekehrt das Modell nicht so tief legt, dass die Räder keinen Bodenkontakt mehr haben.

Vor der Montage der „Ölis" sind zunächst die Federbeine des Modells abzubauen. Dann achtet man darauf, dass möglichst die gleichen Befestigungspunkte am Querlenker und an der Dämpferbrücke gewählt werden, an denen zuvor die Federbeine befestigt waren.

Sollte das Ergebnis nicht so befriedigend sein, weil das Modell jetzt zu hochbeinig aussieht, gibt es im Wesentlichen drei Möglichkeiten, das Modell tiefer zu legen:

- Die Kolbenstangen werden durch kürzere ersetzt.
- Bevor die Kolbenstange mit der Kolbenplatte in den Stoßdämpfer eingebaut wird, werden Distanzscheiben auf die Kolbenplatte aufgeschoben. Man bezeichnet diese Scheiben auch als Ausfederwegbegrenzer.
- Die Stoßdämpfer werden an der Dämpferbrücke weiter oben befestigt
- Einige Modelle bieten die Möglichkeit, die Bodenfreiheit über kleine Madenschrauben in den unteren Querlenkern einzustellen

Einbau und Einstellung eines Zweiganggetriebes

Ein automatisches Zweiganggetriebe vereinigt die Vorteile einer kurzen Untersetzung für eine gute Beschleunigung und einer langen Untersetzung für eine höhere Endgeschwindigkeit. In einigen Reglements ist die Verwendung von Zweiganggetrieben erlaubt, andere verbieten sie. Wer also ein Modell besitzt, mit dem er auch an Rennen teilnehmen möchte, klärt besser vor dem Kauf dieses Tuningteils, ob sein Einsatz in der angepeilten Klasse legal ist.

Die Bestandteile eines Zweigangautomatikgetriebes.

Das große Hauptzahnrad gehört zum ersten Gang. Nach dem Schalten in den zweiten Gang läuft es frei.

Neben dem eigentlichen Getriebe, welches das Hauptzahnrad ersetzt, wird auch eine spezielle Kupplungsglocke mit zwei unterschiedlich großen Ritzeln benötigt, deren Zähnezahl exakt auf die beiden Hauptzahnräder des Zweiganggetriebes abgestimmt ist. In der Anleitung des Getriebes findet sich in der Regel eine Übersicht, welche Kupplungsglocke zu welcher Paarung Hauptzahnräder passt. Falls das Automatikgetriebe bereits zur Grundausstattung des Modells gehört, ist sind diese Angaben meist in der Bauanleitung abgedruckt. Die Funktionsweise des Modell-Zweiganggetriebes hat nichts mit dem Prinzip eines Automatikgetriebes in richtigen Pkw zu tun: Im ersten Gang ist das kleinere Hauptzahnrad nicht mit dem An-

Der Stift, der hier mit dem Schraubenzieher herausgezogen wird, geht durch die Fliehkraft im Fahrbetrieb von allein nach außen und kuppelt den zweiten Gang ein

Ein zusammengebautes Zweiganggetriebe

triebsstrang verbunden. Es läuft also nur mit, während die Kraftübertragung vom Motor auf den Antrieb über das große Hauptzahnrad erfolgt. Mit steigender Drehzahl bewegt sich ein Kupplungsbolzen im Innern der beiden Hauptzahnräder weiter nach außen und hakt bei einer bestimmten Drehzahl in eine Nase auf dem kleinen Hauptzahnrad ein, das ab sofort die Kraft überträgt.

Dies kann jedoch nur geschehen, weil das große Hauptzahnrad auf einem Freilauf gelagert ist, der eine Kraftübertragung vom Zahnrad auf die Antriebswelle nur in eine Richtung erlaubt, und aus diesem Grund die Antriebswelle quasi im großen Zahnrad durchdreht. Reduziert sich mit sinkender Geschwindigkeit auch die Drehzahl der Antriebswelle, bewegt sich der federnd gelagerte Bolzen wieder nach innen, bis er aus der Nase aushakt und die Kraftübertragung beim Beschleunigen wieder über den ersten Gang, also das kleine Ritzel und das große Hauptzahnrad, erfolgt.

Der Vorteil dieses Systems liegt darin, dass beim Schaltvorgang die gesamte Motorkraft permanent übertragen wird und es somit nicht zu Verlusten durch Schlupf kommt, wie es bei den weit verbreiteten Pkw-Automatikgetrieben mit Drehmomentwandler der Fall ist.

Beim Zusammenbau des Zweiganggetriebes ist in erster Linie darauf zu achten, dass der Freilauf richtig herum eingebaut ist, andernfalls funktioniert das Getriebe nicht, da der Freilauf beim Gasgeben durchdreht und keine Kraft auf die Räder übertragen wird. Beim Zusammenbau der Kupplung muss man besonders sorgfältig arbeiten, da die Teile sehr klein sind. Oft wird diese Kupplung bereits fertig montiert geliefert. Beim Einbau in das Getriebe ist dann ebenfalls die Einbaurichtung zu beachten, damit der Bolzen auf der richtigen Seite gelagert ist.

Die Einstellung des Schaltpunkts erfolgt in der Regel mithilfe einer kleinen Madenschraube, welche die Feder vorspannt, die den Kupplungsbolzen zurückholt. Hineindrehen bewirkt meist einen späteren Schaltvorgang, also bei einer höheren Geschwindigkeit und einer höheren Motordrehzahl. Herausdrehen der Schraube verringert die Vorspannung der kleinen Feder und der Bolzen kann bereits bei niedrigeren Drehzahlen in die Nase einhaken.

In der Praxis sollte das Getriebe so abgestimmt werden, dass der Schaltpunkt kurz vor Erreichen der Höchstdrehzahl liegt, da der Motor hier die maximale Leistung abgibt (siehe auch erstes Kapitel). Beim Schalten in den zweiten Gang steht wegen der recht hohen Drehzahl wieder ausreichend Leistung zur Verfügung, sodass zügig weiterbeschleunigt werden kann. Da die Untersetzung des ersten Ganges meist kleiner ist als vor dem Umbau, erreicht das Modell bessere Beschleunigungswerte, der zweite, länger untersetzte Gang erhöht die Höchstgeschwindigkeit gegenüber dem ursprünglichen Wert.

Freilauf für die Vorderräder

Bei eingebautem Freilauf sind die Vorderräder ausschließlich beim Beschleunigen mit dem Antriebsstrang verbunden, beim Bremsen dagegen rollen sie ungebremst. Der Vorteil liegt darin, dass die Lenkung beim Bremsen in vollem Umfang zur Verfügung steht, denn blockierende Vorderräder können keine Lenkbefehle mehr umsetzen: Für Modelle gilt also das Gleiche wie für die großen Vorbilder, wo man mithilfe des Antiblockiersystems (ABS) erreicht, dass die Räder nicht blockieren und deshalb lenkbar bleiben. Der Nachteil eines Freilaufs besteht in der geringeren Verzögerung, da die Hinterräder beim Bremsen entlastet werden.

Die Gefahr, dass das Heck beim Bremsen ausbricht, ist mit Freilauf für die Vorderräder größer als ohne. Das Fahrverhalten beim Bremsen ist bei allradgetriebenen Modellen mit Freilauf deshalb vergleichbar mit dem von Hecktrieblern. Je nach Modell ist der Einbau des Freilaufs unterschiedlich, da es verschiedene Versionen gibt:

- Der Freilauf befindet sich auf der Hauptantriebswelle im hinteren Teil des Modells
- Der Freilauf wird anstelle der Kegelräder in das vordere Getriebegehäuse eingebaut
- Auch Freiläufe, die in die vorderen Antriebswellen montiert werden, sind bei einigen Herstellern zu finden

Nach meinem Dafürhalten ist der Einbau eines Freilaufs in ein Hobbymodell im Maßstab 1:10 nur bedingt empfehlenswert. Ausgiebige Tests mit so ausgerüsteten Modellen brachten die Erkenntnis, dass der Freilauf nur unter ganz bestimmten Umständen und in Verbindung mit komplett anderer Bereifung Vorteile im Fahrbetrieb bringt. Insbesondere für Anfänger und Hobbyfahrer erscheint das Problem des ausbrechenden Hecks schwerwiegender als die erreichbaren Vorteile der besseren Lenkbarkeit des Modells beim Bremsen.

Dieser Freilauf wird statt des vorderen Differenzials eingebaut.

Das normale Kegelraddifferenzial ...

... und der Freilauf, eingebaut ins gleiche Gehäuse.

Der helle Draht ist der Stabilisator.

Der Stabilisator des TC-4 International Pro eingehängt ...

... und ausgehängt, das heißt ohne Funktion.

Stabilisatoren an Vorder- und Hinterachse

Diese Tuningteile sind schon viel sinnvoller. Sie bestehen im Prinzip nur aus einem gebogenen Draht und haben die Aufgabe, beim Einfedern eines Rades das zweite Rad dieser Achse ebenfalls einfedern zu lassen. Dadurch wird die Seitenneigung des Modells reduziert und die kurveninneren Räder drehen weniger durch – es kann mehr Kraft übertragen werden. Dies beeinflusst die Beschleunigungs- und Bremskräfte, aber auch die Seitenführungskräfte. Demnach kann der Einbau von Stabilisatoren das Kurvenverhalten des Modells merklich verbessern.

Die in diesem Buch vorgestellten Carson-Modelle mit Allradantrieb besitzen an der Vorder- und Hinterachse solche Stabilisatoren, ihre Konstruktion gleicht der oben beschriebenen. Anders der GM-Racing TC-4 International Pro: Dieses Modell ist an Vorder- und Hinterachse mit Stabilisatoren ausgestattet, die genauso wirken, jedoch abweichend aufgebaut sind, wie das Bild zeigt. Der Vorteil dieser Konstruktion liegt darin, dass das Differenzial demontiert werden kann, ohne dass man den Stabilisator ausbauen muss. Außerdem kann der Stabilisator durch einfaches Auseinanderziehen schnell „ausgeschaltet" werden, ohne dass größere Umbauarbeiten notwendig sind.

Generell gilt für die Stabilisatoren: Je dicker der Draht, desto stärker ist ihre Wirkung.

Halbkardanwellen und Spurstangen

Der Tausch der meist serienmäßig eingebauten Knochen zur Kraftübertragung vom vorderen Differenzial zu den Rädern gegen Halbkardans, die im Achsschenkel ein richtiges Kardangelenk aufweisen, ist ebenfalls ein sehr sinnvoller Umbau.

Die Halbkardans bringen im Fahrbetrieb Vorteile durch geringeren Verschleiß und weniger Kraftverlust beim Kurvenfahren. Außerdem können die Knochen gerade bei stärkerem Lenkeinschlag schon einmal klemmen, nach dem Einbau der Halbkardans gehört dieses Problem der Vergangenheit an. Die Abbildung zeigt die Halbkardanwellen des GM-Racing TC-4 International Pro, die zum Baukasteninhalt gehören.

Jetzt besitzt das Modell eigentlich schon alles, um schneller über den Kurs bewegt zu werden. Die Einstellungen des Fahrwerks las-

Etwas aufwendiger, aber ebenfalls mit guter Funktion: Stabilisator eines älteren Kyosho-Modells.

Gut erkennbar sind die Halbkardanwellen.

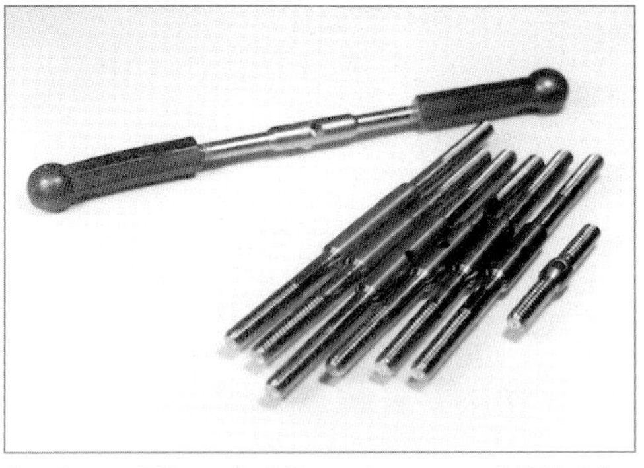

Auch aus Titan sind Spurstangen erhältlich!

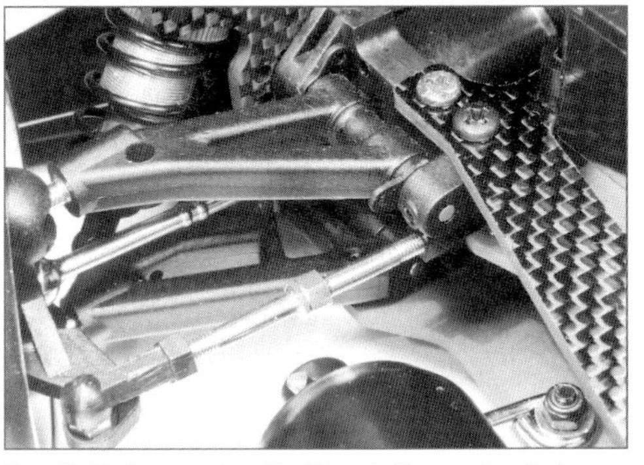

Ermöglichen schnelle Verstellung der Achsgeometrie: Rechts-/Linksspurstangen.

sen sich einfacher vornehmen, wenn man Spurstangen mit einem Rechtgewinde an der einen Seite und einem Linksgewinde an der anderen Seite verwendet. Dann muss man die Kugelpfannen nicht aushängen, wenn man die Länge der Spurstange verändern will.

Zur Erhöhung der Stabilität der Radaufhängungen sind Spurstangen aus einer Titanlegierung nützlich, die zwar keine Gewichtsvorteile bringen, jedoch deutlich stabiler sind als die serienmäßigen Stahlspurstangen.

Einbau einer kugelgelagerten Lenkung

Der Sinn dieses Umbaus liegt darin, die Lenkung spielfreier, leichtgängiger und verschleißärmer zu machen. Bei einigen Herstellern müssen zum Einbau der Kugellager die kompletten Umlenkhebel getauscht werden, andere Modelle lassen sich jedoch durch den einfachen Tausch von Gleitlagern in Kugellager aufrüsten. Eine kugelgelagerte Lenkung ist ein sinnvolles Zubehör, gerade wegen des reduzierten Verschleißes. Die Verringerung des Spiels in der Lenkung hat dabei noch positive Auswirkungen auf das Fahrverhalten. Die Abbildung zeigt die modifizierte Lenkung eines Kyosho-Modells, bei dem die Lenkung nur durch den Einbau von vier Kugellagern aufgerüstet werden kann.

Senken der Bohrungen im Chassis

Wie bereits bei den Tests der einzelnen Modelle angedeutet, bieten gesenkte Bohrungen entscheidende Vorteile durch Reduzierung des

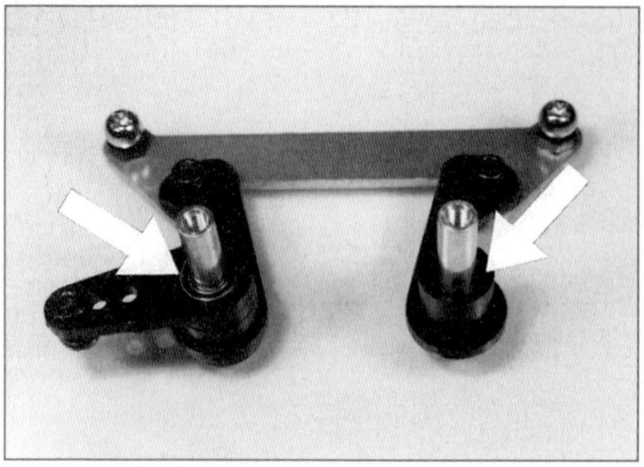
Im linken Lenkhebel sind bereits Kugellager eingebaut, rechts arbeitet noch eine Kunststoffbuchse.

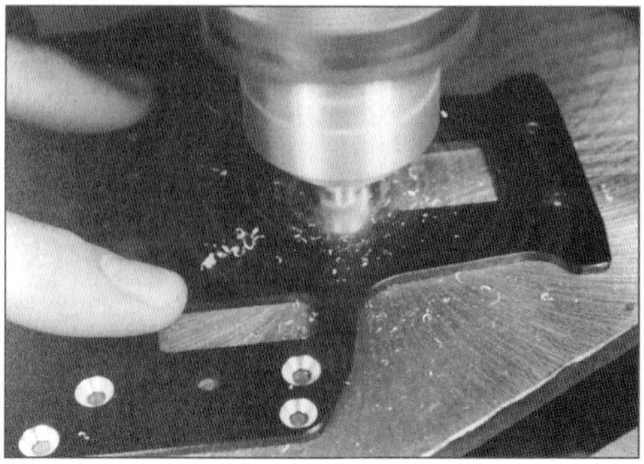
Senken mit dem Kegelsenker.

Vor dem Senken der Bohrungen ...

... und danach!

Verschleißes und bei Offroadmodellen auch wegen geringerer Ausfälle durch Verhaken mit Gegenständen im Untergrund.

Zum Senken der Bohrungen auf der Chassisunterseite benötigt man einen Kegelsenker für Bohrungen mit einem Durchmesser von 3–4 mm sowie einen Schraubensatz mit Senkköpfen. Für das Senken ist eine robuste Standbohrmaschine mit regelbarer Drehzahl sehr empfehlenswert, da die Drehzahl sehr niedrig sein muss und Standbohrmaschinen ein genaueres Arbeiten ermöglichen als Handbohrmaschinen.

Zunächst löst man alle Schrauben im Chassis und nimmt es ab. Bei vielen Modellen ist dazu nicht die Demontage des kompletten Modells notwendig, wenn das Hilfschassis oder die Radioplatte ebenfalls mit dem Antrieb verbunden ist. Die Drehzahl der Bohrmaschine sollte so niedrig sein, dass man die Schneiden des Senkers gerade noch mit dem Auge erkennt. Ideal ist ein einstellbarer Anschlag, damit alle Bohrungen gleichmäßig gesenkt werden. Bietet die Bohrmaschine dieses Feature nicht, muss man sehr vorsichtig vorgehen und zwischendurch immer wieder kontrollieren, ob tief genug gesenkt wurde.

Die Montage des gereinigten Chassis auf das übrige Modell erfolgt nun mit den Senkkopfschrauben.

Kohlefaser und Kevlar

Wer sich Wettbewerbsmodelle insbesondere aus dem Elektrobereich einmal näher ansieht, wird die diversen Platten aus laminierten Kunststoffen wie beispielsweise Kohlefaser erken-

Die Kohlefaserdämpferbrücke des TC-4 International Pro mit verschiedenen Befestigungspunkten für den Stoßdämpfer.

Motoren mit unterschiedlichem Hubraum und unterschiedlicher Leistung.

nen. Kohlefaserplatten haben mehrere Vorteile: Sie sind stabiler und gleichzeitig leichter als Aluminium und andere Kunststoffe. Wie groß dieser Vorteil ist, hängt von der Art und der Dicke des Laminates ab. Dem entgegen steht ein recht hoher Preis für Kohlefaserteile, da die Herstellung sehr aufwendig ist.

Grundsätzlich hat Kohlefaser jedoch den Nachteil, dass sie sich nicht plastisch verformen lässt. Während Aluminiumteile sich bei einem Crash verbiegen können und danach zumindest einigermaßen funktionsfähig bleiben, bricht Kohlefaser. Die Stabilität von Kohlefaserteilen sinkt auch rapide ab mit der Anzahl der Bohrungen, die nach dem Herstellen der Platten angebracht wurden. Die Ursache für dieses Verhalten liegt darin, dass beim Bohren die Faserstrukturen unterbrochen werden, die für die Festigkeit des Bauteils verantwortlich sind. Wer das Gewicht seines Modells verringern möchte, um möglichst nah an das vorgeschriebene Mindestgewicht heranzukommen, dem sei der Einbau verschiedener Kohlefaserteile empfohlen. Gerade die Radioplatte und die Stoßdämpferbrücken eignen sich dazu recht gut. Es ist hingegen wenig sinnvoll, das Gewicht eines ohnehin bereits sehr leichten Modells weiter zu reduzieren, indem Kohlefaserplatten um jeden Preis zum Austausch der serienmäßigen Spritzguss- oder Aluminiumteile verwendet werden.

Leistungssteigerung

Wem der Motor seines Modells zu schwach erscheint, der hat mehrere Möglichkeiten, mit mehr oder weniger einfachen Mitteln die Leistung zu erhöhen.

Am einfachsten ist eine Änderung des Kraftstoffgemischs, denn die Leistung eines Motors hängt wesentlich vom verwendeten Kraftstoff ab. Der Nitromethananteil ist dabei die bestimmende Größe, denn je mehr Nitromethan dem Kraftstoff beigemischt ist, desto höhere Leistungen gibt der Motor ab.

Durch den Wegfall des Anreißstarters werden die Reibungsverluste im Motor reduziert und auch die rotierenden Massen verringert. Mit dem Ausbau des Anreißstarters ist auch der Freilauf überflüssig, der auf die Kurbelwelle aufgesteckt ist. Ein eventuell vorhandenes drittes Kugellager ist ebenfalls nicht mehr nötig. Genau genommen handelt es sich deshalb nicht um eine Leistungssteigerung, sondern vielmehr um eine Verlustreduzierung.

Zum Verschließen des Kurbelgehäuses wird nun ein Deckel benötigt, der als Ersatzteil speziell für den Motor beschafft werden muss.

Durch den Entfall der oben genannten Teile reduziert sich auch das Gewicht des Modells, allerdings ist der Aufwand zum Starten des Motors jetzt größer, da stets eine Startbox mitgenommen werden muss. Es sei auch hier noch einmal auf die verschiedenen Reglements verwiesen, die nicht alle erlauben, den Anreißstarter zu demontieren.

Die Auspuffanlage

In vielen Fällen besitzen die 1:10er-Modelle mit Verbrennungsmotor serienmäßig nur einen einfachen Expansionsschalldämpfer. Wie bereits zu Beginn des Buches erklärt, bewirkt ein Resonanzrohr eine Leistungssteigerung dadurch, dass unverbranntes Kraftstoff-Luft-Gemisch durch die zurücklaufende Druckwelle im Resonanzrohr wieder in den Verbrennungsraum gedrückt wird und infolgedessen mehr explosives Gemisch pro Umdrehung gezündet und deshalb mehr Leistung abgegeben wird. Auch bei der Auswahl des Resonanzrohrs muss man das Reglement im Auge behalten, falls man mit der Teilnahme an Rennen liebäugelt. Im 1:10er-Bereich sind meist nicht einzelne Resonanzrohre homologiert (freigegeben), sondern bestimmte Bauarten (zum Beispiel Zweikammersysteme).

Zur Umrüstung auf ein Resonanzrohr werden neben dem Rohr auch ein motorspezifischer Abgaskrümmer, ein Verbindungsschlauch zwischen Krümmer und Resonanzrohr sowie eine Befestigung für das Rohr benötigt. Der Einbau an sich geht problemlos, anstelle des Schalldämpfers wird der Krümmer montiert und das Resonanzrohr am Chassis befestigt. Die Länge des Verbindungsschlauchs entscheidet maßgeblich über die Leistungssteigerung. Falls die Anleitung zum Resonanzrohr hierzu keine Informationen enthält, hilft nur probieren. Verändern Sie die Einstellung des Motors zunächst nicht und wählen Sie den Abstand zwischen Krümmerauslass und Resonanzrohreinlass relativ groß, etwa 3 cm. Bei Vollgas sollte der Motor „in Resonanz gehen“, das heißt, er muss einen sauberen, hohen sonoren Klang abgeben. Ist es nicht in Resonanz, hört man bei Vollgas einen meist schnarrenden Klang, dessen Tonhöhe variiert. Man muss nun den Schlauch zwischen Krümmer und Resonanzrohr schrittweise verkürzen, bis der beschriebene sonore Klang erreicht ist. Nach erfolgter Einstellung wird der Schlauch zwischen Krümmer und Resonanzrohr mit Kabelbindern gegen Verrutschen gesichert.

Ein neuer Motor

Die deutlichste Leistungssteigerung wird mit einer neuen Maschine erreicht. Je nach Modell ist es dabei mit unterschiedlichem Aufwand verbunden, einen Motor eines anderen Herstellers einzubauen: Zum einen sollte die Kurbelwelle zur vorhandenen Fliehkraftkupplung passen, außerdem ist die Übereinstimmung der Befestigungspunkte des Motors mit dem vor-

Bereits ab Werk mit Resonanzrohr ausgerüstet: der Carson Porsche Carrera.

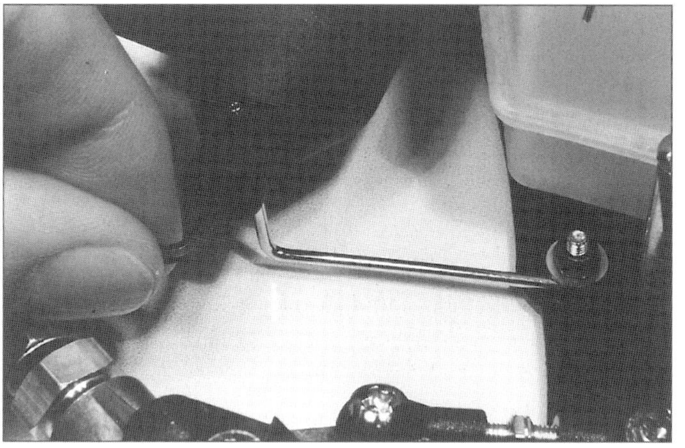

Das Resonanzrohr wird hinter dem Vorderrad zusätzlich mit einem Draht am Chassis befestigt.

handenen oder einem als Zubehör erhältlichen Motorträger wichtig. Auch der Auslass und die Vergaseranlenkung müssen beachtet werden. Beim Umbau von Seiten- auf Heckauslass oder umgekehrt ist ein neuer Auspuff und/ oder Abgaskrümmer erforderlich, der Umbau von Dreh- auf Schiebevergaser ist ebenfalls mit größerem Aufwand verbunden, da eine neue Anlenkung hergestellt werden muss. Viele Hersteller bieten für ihre Modelle leistungsstärkere Motoren an, die problemlos mit den vorhandenen Befestigungen eingebaut werden können. Wer mit seinem Modell an einem Wettbewerb teilnehmen möchte, sollte unbedingt darauf achten, dass der ausgewählte Motor konform zum Reglement ist. Viele Regelwerke sehen einen maximalen Hubraum von 2,11 cm^3 vor und schreiben bestimmte technische Details des Motors vor, zum Beispiel den Durchmesser der Luftansaugöffnung des Vergasers oder die Anzahl der Überströmkanäle im Motor.

Let's go racing – über den Renneinsatz

Wer sich zum Beispiel einen Kyosho V-One S oder ein Modell aus der Serie Nitro RS-4 von HPI kauft, hat recht viele Möglichkeiten, mit einem vergleichsweise preisgünstigen Fahrzeug an einem professionell organisierten Rennen teilzunehmen.

Die Motivation dazu kann ganz unterschiedlich sein: Angefangen von Langeweile, wenn immer nur auf dem Parkplatz gefahren wird, über Neugierde bis hin zu Ehrgeiz gibt es ganz unterschiedliche Gründe, weshalb RC-Car-Fahrer sich zu einem Rennen anmelden. Insbesondere bei Rennen mit recht einschränkendem Reglement finden sich meist weniger die Hightech-Rennfahrzeuge und PC-gestützte Diagnose- und Einstellwerkzeuge. Stattdessen sind dort viele Hobbyfahrer anzutreffen, die aus reinem Spaß angetreten sind.

Wie erfahre ich, wo ein Rennen stattfindet?

Im Wesentlichen gibt es drei sehr gute Möglichkeiten, sich über Rennen im Umkreis zu informieren. Zum einen sind in RC-Car-Fachzeitschriften die Ausschreibungen zu Rennen zu finden.

Je nach Jahreszeit können das in der „amt" mehr als zwei Seiten sein. In den Ausschreibungen findet man Informationen über den Ter-

min, die gefahrenen Klassen und eine Kontaktadresse. Auch im Internet kann man sich über Rennen informieren. Einerseits haben die Hersteller beziehungsweise Importeure, die Markenpokale veranstalten, auf ihren Homepages Informationen zu den Veranstaltungen oder es führen Links direkt zu den Vereinen, auf deren Gelände ein Rennen stattfindet. Darüber hinaus bietet der Deutsche Minicar Club (DMC e.V.) auf seiner Homepage eine Liste mit Links zu Vereinen, die dem DMC angeschlossen sind.

Wer beim Durchsehen der Liste einen Verein in seiner Nähe entdeckt, kann ihn direkt ansprechen, ob Rennen geplant sind und welche Klassen gefahren werden.

Reglements für Tourenwagen

Für die in diesem Buch vorgestellten Modelle gibt es mehrere Reglements oder Klassen. Das erscheint auf den ersten Blick etwas unübersichtlich, bei näherem Hinsehen sind die Unterschiede jedoch gar nicht mehr so groß.

Im Folgenden werden einige bekannte Rennserien vorgestellt. Dabei habe ich bewusst darauf verzichtet, zu stark ins Detail zu gehen. Zum Beispiel ist es grundsätzlich ziemlich unerheblich, ob der Spoiler nun 195 oder 175 mm breit sein darf, da sich derartige Einzelheiten durchaus ändern können. Wer an einem Rennen aus einer der hier beschriebenen Rennserien teilnehmen möchte, sollte sich im Vorfeld das jeweils aktuelle Reglement besorgen. Für den Deutschland-Cup (D-Cup) des DMC ist das Basis-Reglement im Jahrbuch des Vereins enthalten, das direkt beim Verein bestellt werden kann.

Alle anderen Reglements standen zum Zeitpunkt der Erstellung dieses Buches auch im Internet, die Adressen sind im Anhang angegeben.

Im Gegensatz zu offiziellen Deutschen Meisterschaften, die vom Dachverband des RC-Car-Sports in Deutschland (DMC e.V.) ausgetragen werden, ist es bei den hier vorgestellten

Die Rennstrecke.

Enthält alle Reglements: das Jahrbuch des Deutschen Minicar-Clubs (DMC e.V.).

Meisterschaften nicht notwendig, einem Verein anzugehören, um startberechtigt zu sein.

Deutschland-Cup (D-Cup)

Beim D-Cup handelt es sich um eine Rennserie, die vor wenigen Jahren aus der Taufe gehoben wurde, nachdem der DMC ein Regelwerk namens VG 1:10 Scale geschaffen hat. Der D-Cup ist eine rein deutsche Veranstaltung. Es gibt viele kleinere regionale Rennen und einen Endlauf am Ende der Saison. Dabei ist grundsätzlich jeder beim Endlauf startberechtigt, der zuvor an mindestens einem regionalen Rennen teilgenommen hat. Falls es jedoch mehr Bewerber als Startplätze für den Endlauf gibt, werden nur die besten Fahrer einer Region zum Start zugelassen. Die Attraktivität dieser Rennserie ist insbesondere für ambitionierte Modellsportler relativ hoch, da es so gut wie keine Einschränkungen für die Modelle gibt. Hauptsächlich sind das eine Begrenzung des Hubraums auf 2,11 cm³ und die Zulassung von nur etwa zehn verschiedenen Reifentypen, die namentlich und mit Bestellnummer im Reglement festgelegt sind.

Aufgrund der wenigen Beschränkungen insbesondere beim Tuning der Fahrzeuge ist das Leistungsniveau auf den Rennen recht hoch. Von den hier vorgestellten Modellen sind der Kyosho V-One R und der GM-Racing TC-4 International Pro die einzigen konkurrenzfähigen Fahrzeuge für diese Rennserie.

GM-Racing Grand Prix

Das Reglement dieser Meisterschaft entspricht im Wesentlichen dem des Deutschland-Cups. Das Mindestgewicht der Modelle liegt etwas niedriger und es sind nur sehr wenige Reifen zugelassen. Ansonsten gilt ebenfalls die Beschränkung des Hubraums auf 2,11 cm³. Teilnehmen kann man auch an dieser Meisterschaft mit Modellen aller Hersteller, sofern sie von ihren Maßen her zum Reglement konform sind.

Im Gegensatz zum Deutschland-Cup handelt es sich beim GM-Racing Grand Prix um eine Rennserie, die von einem Unternehmen veranstaltet wird. Das heißt nicht, dass es nur Rennen auf dem Gelände von GM-Racing gibt, vielmehr unterstützt der Veranstalter viele Vereine, die einen Lauf zu dieser Meisterschaft austragen, beispielsweise mit Sachpreisen. Also bestehen auch beim GM-Racing Grand Prix Möglichkeiten, beinahe überall in Deutschland an einem Rennen teilzunehmen.

Neben der Klasse „Tourenwagen Scale Nitro" gibt es beim GM-Racing Grand Prix auch verschiedene Klassen für Modelle mit Elektromotor.

Kyosho Worldcup (KWC)

Auch der Kyosho Worldcup ist eine Meisterschaft, die von einem Unternehmen veranstaltet wird. Die Besonderheit dieser Rennserie besteht darin, dass es nicht nur Rennen in Deutschland gibt, sondern auch in einigen anderen europäischen Staaten. Die besten Fahrer aus Deutschland und die besten Fahrer aus der Gruppe der übrigen Länder nehmen am KWC Weltfinale teil.

Neben diversen Klassen für Elektromodelle werden beim Kyosho Worldcup drei Klassen für Modelle mit Verbrennungsmotor angeboten: GP Standard, GP Expert und GP Pro. In der Standardklasse ist nur der V-One S im Baukastenzustand erlaubt. Das einzig legale Tuningteil ist das Zweiganggetriebe, außerdem stehen nur sehr wenige Reifen zur Auswahl. Diese Einschränkungen machen die Standardklasse zu einer sehr attraktiven Veranstaltung für Einsteiger, da keine teuren Tuningteile erforderlich sind, um ein konkurrenzfähiges Modell aufzubauen.

Die Klasse GP Expert erlaubt ebenfalls nur den V-One S, jedoch sind hier verschiedene Tuningteile erlaubt. In der Klasse GP Pro sind auch der V-One R und V-One RR zugelassen, Motoren, Resonanzrohre und weitere Tuningteile sind nahezu ohne Beschränkungen zulässig.

Eine Mitgliedschaft im DMC oder einem RC-Car-Verein ist nicht erforderlich, Kyosho hat für die Teilnehmer eine Haftpflichtversicherung abgeschlossen.

LRP-HPI-Challenge

In dieser Meisterschaft werden ebenfalls neben verschiedenen Elektroklassen drei Klassen für Modelle mit Verbrennungsmotor gefahren: Nitro Sport, Super Nitro Sport und Nitro Pro.

Die Klasse Nitro Sport erlaubt verschiedene Modelle HPI RS4 Nitro sowie Modelle nach dem Kyosho-Reglement GP Expert und den Tamiya TG10. Bei den Kyosho-Modellen muss der Baukastenmotor verwendet werden, alle anderen Modelle müssen mit einem vorgeschriebenen HPI-Motor ausgestattet sein. Ansonsten sind nur sehr wenige Reifen und

Untersetzungen zugelassen, Zweiganggetriebe sind ausdrücklich nicht gestattet. Auch sonst sind sehr wenige Tuningteile in dieser Klasse zugelassen.

In der Klasse Super Nitro Sport sind neben anderen HPI-Modellen RS4 alle Modelle mit einem bestimmten Radstand zugelassen, sodass beispielsweise auch verschiedene Kyosho-Modelle teilnehmen dürfen. Es sind alle Tuningteile erlaubt, auch Zweiganggetriebe sind ausdrücklich zugelassen.

Das Reglement Nitro Pro schließlich umfasst alle Modelle, die der Klasse VG 1:10 Scale (D-Cup) entsprechen. Darüber hinaus sind auch verschiedene HPI- und Kyosho-Motoren mit 2,5 cm³ Hubraum zugelassen, beim Tuning gibt es auch hier nahezu keine Einschränkungen.

Die folgende Tabelle gibt noch einmal einen Überblick über oben beschriebene Reglements.

Beim näheren Durchlesen der Reglements wird noch einmal deutlich, dass die Meisterschaften von Kyosho und LRP/HPI auch verstärkt Einsteiger ansprechen, weil hier Klassen angeboten werden, bei denen nur sehr wenig Tuning erlaubt ist.

Grundsätzlich kann man nämlich davon ausgehen, dass viele Fahrer alle erlaubten Tuningteile einsetzen, um vorne mitfahren zu können. Wer hier einigermaßen konkurrenzfähig sein möchte, kommt nicht umhin, noch einmal einen stattlichen Betrag in Tuningteile zu investieren. Einsteiger und Hobbyfahrer dürften sich demnach eher bei den Markenpokalen mit recht engem Reglement wohl fühlen, weil hier mehr das fahrerische Können als das Budget entscheidet.

Auf das Reglement OR10 für Offroadmodelle im Maßstab 1:10 will ich an dieser Stelle nicht eingehen. Die Zahl der Rennen für diese Modelle ist wie die Vielfalt der RC-Cars in

Auszug aus den aktuellen Reglements

	D-Cup VG 1:10 Scale	LRP-HPI-Challenge	Kyosho Worldcup (Standard/Pro)	GM-Racing Grand Prix
zugelassene Hersteller/ Fahrzeuge	alle	HPI RS4, Kyosho, Tamiya	nur Kyosho-Chassis V-One S	alle
zulässige Breite	max. 205 mm	max. 200 mm	–	max. 205 mm
zulässiger Radstand	255–280 mm	keine Beschränkung	–	max. 270 mm
zugelassene Karosserien	europäische Tourenwagen	alle HPI-Karosserien sowie sonstige europäische Tourenwagenkarosserien	alle für das Chassis V-One S angebotene	europäische Tourenwagen sowie und GT-Fahrzeuge
zugelassene Motoren	alle, max. 2,11 cm³ Hubraum	HPI 15FE und Kyosho GS-15R (beide 2,5 cm³)	Kyosho GS-15 R (2,5 cm³)	alle, max. 2,11 cm³ Hubraum
erlaubte Antriebsarten	2 WD und 4 WD	4 WD	4 WD	2 WD und 4 WD

Stand der Informationen: November 2002

Diese Karosserie hat schon das eine oder andere Rennen erlebt. Der Ausschnitt in der Frontscheibe dient zum Tanken, der im Dach zum Vorglühen der Kerze.

Für die Rundenzählung zuständig ist der Transponder, er muss sicher im Modell befestigt werden.

Eine Möglichkeit zur Befestigung des Transponders.

dieser Klasse recht gering. Wie bereits zuvor erwähnt, finden Rennen für die Buggys im Maßstab 1:10 in der Regel als Rahmenprogramm bei anderen Veranstaltungen statt.

Vorbereitungen auf das erste Rennen

Ist der Entschluss gereift, das eigene Fahrkönnen mit anderen zu messen, und hat man eine Rennveranstaltung gefunden, an der man teilnehmen möchte, ist der nächste Schritt die Nennung (= Anmeldung zum Rennen).

Je nach Veranstaltung kann entweder nur bis zu einem Stichtag eine Nennung abgegeben werden oder man muss sich direkt morgens am Renntag nennen. Auf dem Nennbogen werden auf jeden Fall der Name des Fahrers, die Klasse, in der er starten möchte, und die Kanäle seiner Fernsteuerung angegeben. Manchmal ist es notwendig, zwei Kanäle anzugeben, damit die Rennleitung im Falle von Überschneidungen einen Kanalwechsel entscheiden kann. Wichtig dabei ist es, die korrekte Kanalbezeichnung anzugeben: Einige Hersteller geben auf ihren Quarzen so genannte Bänder an, das heißt, es gibt Band 1, 2, und so weiter. Diese Bezeichnungen entsprechen nicht automatisch den offiziellen Kanälen. Es gibt jedoch Tabellen, in denen jeder Frequenz ein Kanal zugeordnet ist. Wenn Sie nicht sicher sind, hilft die Betriebsanleitung der Fernsteueranlage oder der Modellbauhändler weiter.

Sollte auf der Ausschreibung nicht vermerkt sein, ob an der Rennstrecke ein Stromanschluss zur Verfügung steht, erfragen Sie dies beim Veranstalter.

Mit der Nennung muss das Nenngeld eingezahlt werden. Je nach Veranstaltung und je nachdem, ob man noch zu den Jugendlichen zählt, liegt das Nenngeld etwa zwischen 5 und 20 Euro. Die Höhe hängt ganz wesentlich davon ab, ob beispielsweise ein Wasser- und Stromanschluss oder ein beheiztes Fahrerlager angeboten wird. Das geflügelte Wort „Nenngeld ist Reuegeld" besagt, dass es normalerweise nicht erstattet wird, falls man aus welchen Gründen auch immer nicht am Rennen teilnimmt. Nun gilt es, am Modell einige Vorbereitungen zu treffen, um bestens präpariert zu sein. Zunächst sei in aller Deutlichkeit gesagt, dass die Karosserie Ihres Modells nach dem ersten Rennen ganz sicher nicht mehr so aussieht wie davor. Auch wenn Sie sich vornehmen, vorsichtig zu fahren, lässt sich eine Feindberührung nie vermeiden, sodass Anbauteile und Aufkleber ziemlich leiden. Wer eine besonders schöne Karosserie besitzt, sollte deshalb darüber nachdenken, eine zweite, preisgünstige Karosserie für den Renneinsatz zu erwerben. Diese muss dann nicht ganz so penibel lackiert werden, da sie ohnehin nicht wirklich alt wird. Bei der Gestaltung der Rennkarosserie muss man ausreichend Platz für die Startnummern freihalten, die vom Veranstalter am Renntag ausgegeben werden.

Ebenfalls notwendig ist eine Befestigung für den so genannten Transponder. Dieser kleine Sender wird in das Modell eingebaut, damit die Rundenzeiten automatisch gemessen werden können. In der Start-/Ziellinie ist eine Antenne eingelassen, welche die Signale der Transponder empfängt und sie an den Computer für die Rundenzählung übermittelt. Zur Befestigung ist nur ein Loch mit einem Durchmesser von 8 mm notwendig. Es empfiehlt sich, den Transponder möglichste weit vorne im Modell zu befestigen, damit die Zählschleife ihr Modell so früh wie möglich zählt. Natürlich sollte der Transponder so angebracht werden, dass er bei einem Crash nicht gleich beschädigt wird. Der Rammer ist somit ein denkbar ungeeigneter Befestigungsort.

Natürlich sind alle Akkus am Renntag zu 100% geladen und es empfiehlt sich, noch Reserveakkus oder ein Ladegerät mitzunehmen, um während des Rennens nachladen zu können. Je nachdem, ob ein Stromanschluss zur Verfügung steht oder nicht, muss man ein 12-V-Ladegerät und eine geladene Autobatterie mitnehmen.

Werfen Sie rechtzeitig einen Blick auf Ihre Kraftstoffvorräte. Es empfiehlt sich, lieber einen Liter mehr mitzunehmen, als während des Rennens auf dem Trockenen zu sitzen. Beachten Sie dabei unbedingt, welchen Kraftstoff

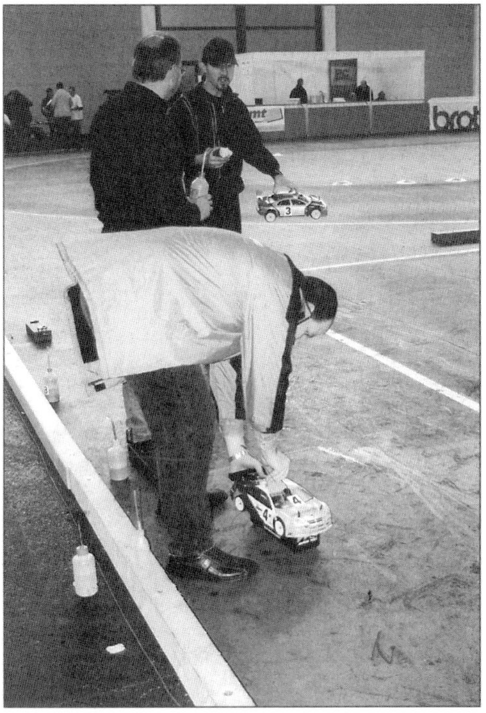

Ein Helfer im Einsatz: Der Fahrer ist schon auf dem Weg zum Fahrerstand.

das Reglement vorschreibt. Meist sind maximal 16% Nitromethan erlaubt, und daran muss man sich halten. Wenn Sie sowieso noch Kraftstoff besorgen müssen, können Sie beim Modellbauhändler auch gleich einen zweiten Satz Reifen mit anderem Profil oder anderer Gummimischung erwerben, um das Modell perfekt auf die Rennstrecke abstimmen zu können. Beachten Sie dabei aber, dass die Reglements häufig nur bestimmte Reifen gestatten.

Auf die Frage, welche Ersatzteile mitgenommen werden sollen, ist eine allgemein gültige Antwort schwer möglich. Für das erste Rennen würde ich keine großen Investitionen tätigen. Obligatorisch sind ein oder zwei Ersatzglühkerzen, alles andere ist weniger wichtig: Wer mit einem handelsüblichen Modell zu einem Rennen fährt, wird dort ein benötigtes Ersatzteil meist direkt von einem anderen Teilnehmer kaufen können. Oft sind auch Händler anwesend, die ihr Ersatzteillager aus dem Laden in den Kofferraum umgeräumt haben. Und selbst wenn man auf der Strecke Gegner ist, herrscht doch im Fahrerlager üblicherweise eine große Kollegialität und Hilfsbereitschaft.

Ganz wichtig ist der Helfer, den Sie unbedingt zum Rennen mitnehmen sollten. Auf seine Aufgaben während des Rennens wird später genauer eingegangen, er sollte sich jedoch im Vorfeld mit dem Modell vertraut machen und muss wissen, wo er das Modell tragen kann, wie die Startbox funktioniert und wie getankt wird. Natürlich empfiehlt es sich, die Handgriffe zuvor ein wenig zu üben. Der Helfer muss eine genaue Stoppuhr besitzen, die er während Ihrer Rennläufe bei sich trägt.

Je nach Rennserie ist es teilweise nicht gestattet, vor dem Rennen auf der Rennstrecke zu trainieren. Dies ist zu beachten, um eine Disqualifikation zu vermeiden. Ist hingegen das Trainieren auf der Strecke vor dem Rennen erlaubt, sollte man die Chance nutzen und bereits vor dem Rennen einmal zur Rennstrecke fahren, um das Fahrwerk des Modells auf die Strecke abzustimmen und sich vielleicht an die neuen Reifen zu gewöhnen. Je nach Entfernung zwischen Renn- und Wohnort kann es dabei eine Überlegung wert sein, am Renntag sehr früh auf der Rennstrecke einzutreffen, um vor dem Rennen die letzten Einstellarbeiten vorzunehmen. Das sollte jedoch zuvor mit dem Veranstalter abgestimmt werden, um sicherzugehen, dass die Strecke auch so früh zu betreten ist.

Das Rennen

Am Tag des Rennens fährt man früh genug von zu Hause los, um stressfrei anzukommen und noch genügend Zeit zu haben, seinen Platz im Fahrerlager zu beziehen.

Achten Sie darauf, dass kein Teil im heimischen Hobbykeller zurückbleibt: Ich habe schon erlebt, dass ein Hobbykollege sein Modell vergessen hatte! Es empfiehlt sich, vielleicht schon am Vorabend das Auto zu beladen. Auch die Nachbarn freuen sich, wenn sonntagmorgens um sechs Uhr nicht ständig der Kofferraum und die Türen zugeschlagen werden.

Am Rennplatz angekommen, sprechen Sie zunächst die Rennleitung an und lassen sich einen Platz im Fahrerlager zuweisen. In der Regel gibt es bei Freundschaftsrennen keine reservierten Plätze, der Vorteil ist jedoch, dass der Veranstalter gleich weiß, dass Sie jetzt da sind. Es empfiehlt sich, einen Platz möglichst nah an der Start-/Ziellinie der Strecke zu suchen, weil man dann nicht so weit laufen muss. Das hört sich vielleicht an wie ein Hinweis für Fußkranke, ist jedoch absolut empfehlenswert, falls der Helfer an der Strecke schnell ein Werkzeug holen muss oder der Motor am Start ausgegangen ist und noch einmal gestartet werden muss.

Geschäftiges Treiben im Fahrerlager. Im Hintergrund wartet schon die Strecke.

Die Gruppeneinteilung wird für alle gut sichtbar im Fahrerlager ausgehängt.

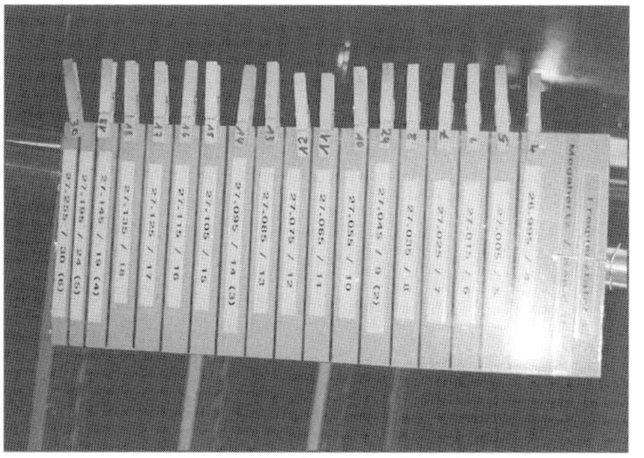

Die Zahl auf der Wäscheklammer ist die Startnummer, daneben steht die Frequenz in MHz, hinter dem Schrägstrich ist der Kanal angegeben.

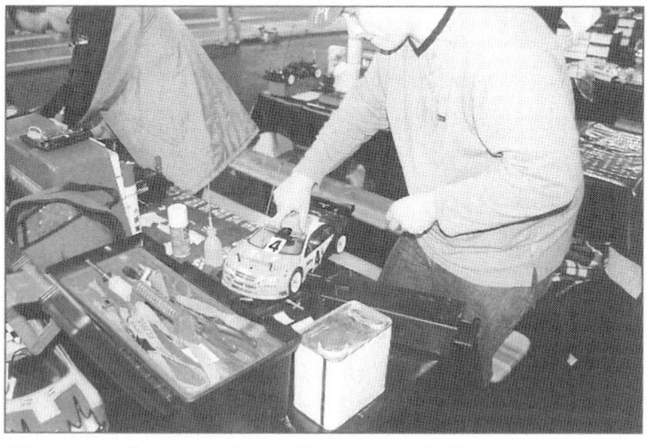

Karosserie drauf, und los geht's!

Nach dem Ausladen des Kofferraums wird der Arbeitsplatz benutzbar gemacht, indem alle Werkzeuge griffbereit gelegt werden und alles, was Strom braucht, angeschlossen wird. Sollte ein 220-V-Anschluss zur Verfügung stehen, nimmt man ausreichend viele Mehrfachsteckdosen mit.

Der nächste offizielle Schritt ist die Fahrerbesprechung vor dem Rennen. Sie findet so rechtzeitig statt, dass alle Fahrer genügend Zeit haben, sich auf ihren Lauf vorzubereiten. Bis zur Fahrerbesprechung hat man meist Zeit für ein wenig freies Training oder für ein paar Gespräche unter Hobbykollegen im Fahrerlager.

Während oder unmittelbar nach der Fahrerbesprechung werden die Zeitpläne für den Renntag veröffentlicht. Sie sollten persönlich zur Besprechung gehen und Ihren Helfer mitnehmen, denn hier wird alles gesagt, was für das Rennen wichtig ist. Auch haben Sie hier eine gute Gelegenheit, Fragen zu stellen.

Wenn Sie Ihre Startnummer aus dem Zeitplan erfahren haben, können Sie oder Ihre Helfer die Startnummernaufkleber bei der Rennleitung abholen. Achten Sie beim Anbringen der Startnummern auf Ihrem Modell darauf, dass sie für die Rennleitung gut lesbar sind.

Vor Ihrem Lauf müssen Sie sich bei der Rennleitung Ihren Transponder holen. Dies kann auch der Helfer tun: Meist können die Transponder bereits gegen Ende des Laufes der vorigen Gruppe abgeholt werden.

Wenn der vorhergehende Rennlauf beendet ist und alle Modelle von der Strecke genommen wurden, dürfen Sie auch Ihren Sender einschalten. Es ist streng untersagt, den eigenen Sender einzuschalten, während andere Modelle auf der Strecke sind. Falls nämlich ein anderer Fahrer den gleichen Kanal benutzt wie Sie, wird dessen Modell in der Regel stark gestört. Erwischt man einen Fahrer dabei, dass er seinen Sender unerlaubterweise eingeschaltet hat, droht ihm die Disqualifizierung. Um Störungen zu vermeiden, werden deshalb bei größeren Rennen die Sender nach dem Lauf bei der Rennleitung abgegeben und können erst kurz vor dem eigenen Lauf wieder abgeholt werden.

Stellen Sie Ihr Modell, den Fernsteuersender, die Karosserie und die Splinte griffbereit auf Ihren Arbeitstisch. Wenn Sie eine Startbox benutzen, können Sie mit dem Starten des Motors warten, bis Ihre Gruppe zum Start aufgerufen wird.

Starten Sie dann gemeinsam mit Ihrem Helfer das Modell. Ihr Helfer trägt dann das Modell samt Karosserie zum Start, während der Fahrer zum Fahrerstand geht und sich dort seinen Platz sucht. Sehr empfehlenswert ist es, eine Startbox mit eingebautem Akkupack zu verwenden. Dann kann der Helfer samt Modell und Startbox an seinen Platz in der Boxen-

Helfer in Aktion: Sie tragen Startbox, Modell und Kraftstoff zum Platz in der Boxengasse.

Ein etwas anderer Fahrerstand, aber mit sehr viel Überblick über die Strecke.

gasse gehen und den Motor erst dort unmittelbar vor dem Start anlassen. Geben Sie, nachdem der Motor gestartet ist, regelmäßig Gas, damit er nicht nur im Leerlauf läuft. Das Risiko, dass der Motor am Start plötzlich ausgeht, ist dann wesentlich niedriger. Es ist sehr ratsam, dass der Helfer eine Tankflasche mit an den Start nimmt, um kurz vor dem eigentlichen Start noch einmal nachtanken zu können. Bei Vorläufen, die meist nur 5–6 Minuten dauern, ist das nicht wirklich notwendig. Die Endläufe haben jedoch oft eine Dauer von 30 Minuten, und da sollte natürlich so viel Kraftstoff wie möglich an Bord sein. Der Start selbst geht dann meist wie folgt vonstatten: Die Helfer halten die Modelle fest, bis der Startmensch seine Fahne auf den Boden absenkt. Dann müssen alle Helfer die Strecke verlassen, und beim Hochreißen der Startfahne ist das Rennen gestartet. Am besten, Sie schauen sich das Prozedere zuvor bei einer anderen Gruppe einmal an oder fragen die Rennleitung. Über Renntaktik an sich möchte ich hier wenig sagen, da auch dieses Thema buchfüllend sein kann. Grundsätzlich hat es sich jedoch oft bewährt, die ersten Rennen eher defensiv anzugehen: Meiden Sie Zweikämpfe, denn wenn sich zwei Autos berühren, stehen meist beide verkeilt in der Streckenbegrenzung, sodass hier keiner etwas gewonnen hat. Empfehlenswert ist es ferner, sich aus dem Startcrash herauszuhalten. Einmal kurz vom Gas gehen und vielleicht auch jemanden überholen lassen kann am Ende des Laufes manchmal sogar zum Erfolg führen. Insbesondere wenn viele Neulinge auf der Strecke sind, ist Vorsicht und im Zweifel einmal öfter bremsen oft die schnellere Renntaktik.

Wenn die Rennzeit abgelaufen ist, wird dies den Fahrern deutlich mitgeteilt. Fahren Sie dann die Runde zu Ende und anschließend in die Box, wo Ihr Helfer das Modell aufnimmt, den Motor abstellt und den Transponder demontiert und der Rennleitung zurückbringt. Wichtig ist hier, nach Ablauf der Rennzeit noch einmal über die Ziellinie zu fahren, weil die so genannte Überzeit in die Wertung eingeht: Als Überzeit bezeichnet man die Zeit, die Sie benötigen, um die Runde nach Ablauf der regulären Rennzeit noch zu beenden.

Nach dem Ende des Rennens schauen Sie sich zunächst den im Tank verbliebenen Kraftstoffvorrat an, um den Kraftstoffverbrauch des Motor nach folgender Formel zu ermitteln:

Fassungsvermögen des Tanks in Milliliter minus verbliebene Kraftstoffmenge = absoluter Verbrauch
Absoluter Verbrauch geteilt durch Renndauer in Minuten = Verbrauch pro Minute

Diese Berechnung sollte man nach jedem Vorlauf durchführen, um den maximalen Verbrauch des Motors pro Minute auf der jeweiligen Rennstrecke festzustellen: Wie beim großen Auto hängt der Verbrauch des Modellmotors ganz wesentlich von der Strecke und der Fahrweise ab. Sollten Sie sich für einen Endlauf qualifiziert haben, können Sie mithilfe folgender Formel berechnen, nach welcher Zeit jeweils ein Tankstopp notwendig ist:

Fassungsvermögen des Tanks geteilt durch maximalen Verbrauch pro Minute = Reichweite des Tanks in Minuten

Im Endlauf dann gibt Ihnen Ihr Helfer ein Zeichen, wenn die Zeit zum Tanken naht. Es empfiehlt sich dabei, nicht auf den letzten Milliliter zu kalkulieren, sondern ruhig einen Puffer einzurechnen. Der Helfer betankt dann das Modell in der Boxengasse. Dabei sollten Sie unbedingt etwas Gas geben, um zu vermeiden, dass der Motor während des Tankens aufgrund der Druckschwankungen im Tank abstirbt und neu gestartet werden muss.

Zwischen Ihren Läufen sollten Sie oder Ihr Helfer das Modell gründlich und kritisch durchsehen, um Beschädigungen und Fehler zu erkennen. Ein geeigneter Anhaltspunkt ist das Kapitel „In die Werkstatt bitte ...", in dem viele dieser Arbeiten beschrieben sind.

Nach dem letzten Lauf des Tages, dem Endlauf oder A-Finale, wertet die Rennleitung die Ergebnisse aller Fahrer aus und bereitet die Siegerehrung vor. Meist dauert diese Auswertung nicht sehr lange, der Beginn der Siegerehrung wird in der Regel auch über Lautsprecher durchgesagt. Dies ermöglicht es, dass die Fahrer schon mit dem Aufräumen des Fahrerlagers beginnen können. Sie sollten dabei Ihr Modell noch nicht verstauen, da es manchmal noch ein Foto mit allen Modellen und/oder Fahrern gibt.

Auch wenn RC-Car-Fahrer normalerweise ehrliche Leute sind, behält man gerade in den Wirren des Abbaus den eigenen Platz im Fahrerlager im Auge, um zu vermeiden, dass jemand einen zweiten Sender oder ein zweites Modell dazustellt.

Wieder im heimischen Hobbykeller angekommen, sollte eine etwaige Verärgerung über das Rennergebnis schon lange wieder verflogen sein, während die Freude über ein gutes Ergebnis zu diesem Zeitpunkt meist noch immer präsent ist. Und man staunt, wie schnell die Zeit vergeht, wenn man mit seinem Helfer über Kurventaktiken und den Crash im dritten Vorlauf bei einer kühlen Flasche Bier diskutiert.

Anhang

Die Anschriften sind alphabetisch nach Hersteller-, Organisations- bzw. Markennamen geordnet.

amt – Auto-Modell und Technik
Verlag für Technik und Handwerk GmbH
Robert-Bosch-Straße 4
76532 Baden-Baden
Tel.: 0 72 21 / 50 87 - 0 • Fax: 0 72 21 / 50 87 - 52
Internet: www.vth.de

Carson
Dickie-Tamiya Modellbau GmbH & Co.
Werkstraße 1
90765 Fürth
Tel.: 09 11 / 9 76 52 70 • Fax: 09 11 / 9 76 52 12
Internet: www.carson-modelsport.com

Deutschland Cup
Ansprechpartner: Heiner Martin
Römerstraße 93
89077 Ulm
Tel.: 07 31 / 3 32 47 • Fax: 07 31 / 3 32 20
Internet: www.d-cup.de

DMC Deutscher Minicar Club e.V.
Tackhütte 6
41238 Mönchengladbach
Tel.: 0 21 66 / 98 47 70 • Fax: 0 21 66 / 98 47 71
Internet: www.dmc-online.com

GM-Racing
Henriettenstraße 94–96
73230 Kirchheim/Teck
Tel.: 0 70 21 / 72 21 28 • Fax: 0 70 21 / 72 22 00
Internet: www.gm-racing.de

Graupner Modellbau GmbH & Co. KG
Henriettenstraße 94–96
73230 Kirchheim/Teck
Tel.: 0 70 21 / 72 20 • Fax: 0 70 21 / 72 22 00
Internet: www.graupner.de

HPI
LRP Electronic
Wilhelm-Enssle-Straße 134
73630 Remshalden
Tel.: 0 71 81 / 40 98 21 • Fax: 0 71 81 / 40 98 20
Internet: www.hpi-electronic.de

Informationsverein Modellbau (IVM) e.V.
Postfach 10 22 24
86012 Augsburg
Tel.: 08 21 / 3 92 68
Internet: www.ivmev.de

Kyosho Deutschland
Nikolaus-Otto-Straße 4
24568 Kaltenkirchen
Tel.: 0 41 91 / 9 32 60 • Fax: 0 41 91 / 8 84 07
Internet: www.kyosho.de

Kyosho World Cup (KWC)
Nikolaus-Otto-Straße 4
24568 Kaltenkirchen
Internet: www.kyosho.de

LRP-HPI-Challenge
Ansprechpartner: Andy Krämer
Tel.: 0 61 42 / 56 12 14
Internet: www.lrp-hpi-challenge.de

MRC
Speedmodels
Lyssachstraße 97
CH-3400 Burgdorf
Tel.: 00 41 / 3 44 23 28 20 • Fax: 00 41 / 3 44 28 23 21
Internet: www.speedmodels.ch

Powerfuel Kraftstoff
RC-Car-Shop Hobbythek
Baackesweg 120
47804 Krefeld
Tel.: 0 21 51 / 71 15 50 • Fax: 0 21 51 / 71 07 66
Internet: www.rc-car-online.de

Simprop Electronic
Walter Claas GmbH & Co.
Postfach 15 65
33419 Harsewinkel
Tel.: 0 52 47 / 6 04 30 • Fax: 0 52 47 / 6 04 53
Internet: www.simprop.de

Tamiya
Dickie-Tamiya Modellbau GmbH & Co.
Werkstraße 1
90765 Fürth
Tel.: 09 11 / 9 76 52 70 • Fax: 09 11 / 9 76 52 12
Internet: www.tamiya.de

Alle genannten Firmen unterstützten dieses Buchprojekt, indem Sie mir die zahlreichen Testobjekte zur Verfügung stellten. Dafür bedanke ich mich herzlich.

Als Quellen für diese Arbeit dienten:

Auto, Motor & Sport Auto-Lexikon Technik, Stuttgart 1973
Kyosho-Betriebsanleitungen
Volkswagen AG, Wolfsburg

Merkliste

- Autoständer aus Blech konstruieren
- Zahnflankenspiel prüfen
- Luftfilter oben
- Stoßdampfer prüfen
- Kraftstofffilter
- Glühkerzen